北海道中山間地域の担い手問題

道南農業が示すもの

正木 卓 著

筑波書房

目　次

序　章　本書の問題意識と課題 ……………………………………………… 1
　第1節　問題意識と課題 ……………………………………………………… 1
　第2節　既存研究の検討 ……………………………………………………… 2
　第3節　論点整理と本書の構成 ……………………………………………… 4

第Ⅰ部　道南農業の転換－集約化と土地利用型農業の再編
　　　　―1980〜2000年代― ……………………………………………… 7

第1章　北海道における中山間地帯の農業構造 ………………………… 9
　第1節　北海道における中山間地帯農業の位置付け ……………………… 9
　第2節　統計からみた中山間地帯の特徴 …………………………………… 10
　第3節　中山間稲作地域における農業展開 ………………………………… 18
　第4節　小括 ………………………………………………………………… 25

第2章　農作業受託組織の設立と畑作振興による土地利用部門の再構築
　　　　 …………………………………………………………………… 27
　第1節　本章の課題 ………………………………………………………… 27
　第2節　知内町での野菜産地の形成 ……………………………………… 28
　第3節　土地利用の動向と転作対応 ……………………………………… 29
　第4節　土地利用型農業を支える新たな地域農業システムの構築 ……… 36
　第5節　小括 ………………………………………………………………… 46

第3章　農協コントラクター事業と農作業受託組織の連携による土地利
　　　　用部門の再構築 ……………………………………………………… 49
　第1節　本章の課題 ………………………………………………………… 49
　第2節　野菜振興と農協コントラクター事業の展開 ……………………… 50
　第3節　春小麦初冬まき生産組合の設立と「下川方式」の機能縮小 …… 55
　第4節　小括 ………………………………………………………………… 61

第4章　大規模個別経営と農業振興公社支援による土地利用部門の再構築
　　　　　　　　　　　　　　　　　　　　……………………………… 65
　　第1節　本章の課題 ………………………………………………… 65
　　第2節　厚沢部町農業の展開と特徴 …………………………………… 65
　　第3節　労働力支援組織の展開過程 ………………………………… 71
　　第4節　大規模個別経営の成立と類型 ……………………………… 76
　　第5節　小括 ………………………………………………………… 91

第Ⅱ部　担い手不足下の農業生産法人の可能性―現段階― …………… 93

第5章　道南農業の現段階的特徴 …………………………………………… 95
　　第1節　本章の課題 ………………………………………………… 95
　　第2節　農家の動向 ………………………………………………… 95
　　第3節　土地所有関係の動向 ……………………………………… 101
　　第4節　小括 ………………………………………………………… 104

第6章　水田複合地域での土地利用と担い手対策………………………… 107
　　第1節　本書の課題 ………………………………………………… 107
　　第2節　せたな町の農業構造の変化 ……………………………… 107
　　第3節　せたな町の水田土地利用 ………………………………… 111
　　第4節　新たな担い手としての協業法人 ………………………… 114
　　第5節　新規就農者の受入実態 …………………………………… 119
　　第6節　小括 ………………………………………………………… 122

第7章　酪農地帯における大規模酪農法人設立による担い手対策 ……… 125
　　第1節　酪農振興と法人の設立 …………………………………… 125
　　第2節　Ｃ牧場の事業内容 ………………………………………… 127
　　第3節　新規就農支援 ……………………………………………… 130
　　第4節　今後の課題 ………………………………………………… 131

iii

第8章　町行政主導による肉牛繁殖経営の担い手確保・育成 ……………… 133

　第1節　松前町肉牛改良センターの概要……………………………………… 133

　第2節　新規就農支援の特徴 ………………………………………………… 134

　第3節　研修生・就農者の実績 ……………………………………………… 137

　第4節　新規就農者の経営状況 ……………………………………………… 138

　第5節　今後の課題 …………………………………………………………… 140

終　章　北海道中山間地帯における担い手の存在形態 ………………… 143

参考文献 …………………………………………………………………………… 147

あとがき …………………………………………………………………………… 153

序　章

本書の問題意識と課題

第1節　問題意識と課題

　北海道の中山間地域は、道南[1]を中心とした日本海・太平洋沿岸地域、ならびに内陸部の旧鉱山・林業地域に分布している。平坦部の水田・畑作・酪農に専門化した農業中核地帯とは異なり、農業地帯構成上、独自の位置づけを与えるべき農業地帯である。

　これらの地域においては、耕地面積が一定規模以上の町村を中心に水田転作の本格化に対応するかたちで1980年代以降に野菜作の導入が進展し、農協による野菜産地形成と農業経営の複合化による地域農業転換が進められた。そして、北海道の第4の作物である野菜作の一つの拠点として位置付けられたのである。

　この過程において一定の専業的な自立農業経営が生み出されたが、一方で依然として多数の小規模層が存在することも中山間地域としての特徴であった。しかし、後者が2000年代に入り高齢化により離農する局面を迎え、地域農業は大きな転換期を迎えた。中小規模の複合経営が地域農業の担い手であるなかで、離農の発生に伴う農地の受け手を確保することは困難であり、水田を中心とした土地利用部門の空洞化、一部での耕作放棄地の発生が出現した。その中で、いかに水田を中心とする農地保全を行うかが大きな課題となった。そうした事態に対して、園芸振興と並行して土地利用部門の担い手を育成し、土地利用の再編に取り組んでいる地域が存在している。

　産地形成・複合農業の展開は、一定の専業的な農業自立経営を生み出したが、すべてがそのようになったわけではなく、零細兼業の農家の滞留を残したままであった。それが今日において、高齢化に伴い崩れ、土地利用部門の再構築の問題として焦点となっているのである。

1

そこで本書では、野菜産地を維持しつつ、土地利用部門の再構築に取り組んでいる事例から、その必要条件を明らかにする。それを仮説的に提示すると、第一に土地利用部門の担い手が園芸振興を通じて創出された複合経営群であり、農地集積に伴う個別拡大が進展していること、第二に水田転作を中心とした土地利用の「定型」の確立への試みは新規作物の導入とそのための機械・施設の共同利用という組織的対応を軸に進められてきたこと、第三に土地利用部門へのサポートは、従来の複合化支援に重点を置いた「個」から、地域全体の土地利用を「面」として維持するものへと変化していることである。

本書では北海道中山間地帯における土地利用部門の再構築のための条件として、担い手育成、土地利用の「定型」の確立、サポート体制の構築という3つを措定し、対象とする事例において、それがどのように達成されているのかを明らかにすることを課題とする。この第1の課題は、第1部「道南農業の転換—集約化と土地利用型農業の再編」で取り上げる。その後、担い手が大きく縮小を見せる中で、地域農業の持続性の維持のためには農業生産法人[2]の役割が増しているのが現段階であり、北海道の全体の動向の先取り的な動きと考えられる。この動向を明らかにすることが第2の課題である。ここでは水田と畜産という道南的な経営形態を対象としている。これは第2部「担い手不足下の農業生産法人の可能性」で取り上げている。

以上により、都府県とは異なった北海道的な中山間地帯の農業展開の特質を歴史段階的に明らかにすることにする。

第2節　既存研究の検討

北海道における中山間地帯問題の捉え方について、安藤［1］、田畑［51］は都府県を対象に議論されている中山間地帯問題とは別の視角で論じる必要を指摘している。都府県の中山間地帯問題は、公益的機能を重視する視点から、すなわち、経済的基盤に関する領域や生活条件に関する領域での問題、

地域内部の社会問題が統合されたことによる問題として整理されている。しかし、北海道の中山間地帯を考える場合には、そうした視点とは異なり、農業にとって生産条件が不利であるという位置付けで中山間地帯を見ていく必要性がある。

1990年代以前の既存研究では、代表的地域における事例分析により、中山間地帯における集約作物の振興についてその支援主体を含めた議論が行われている。中山間地帯では、1980年代に水田複合として野菜作が導入され、その多くは農協による産地形成として行われてきた動きであることが示されている。しかし、太田原［17］による集約北進論にみるように、この産地形成が行われた時点において、土地利用部門の担い手に関する問題はまだ重視されていなかった。

北海道の中山間地帯農業の構造問題については、1990年代以降の動向とその特徴の整理が行われている。柳村［79］は、中山間地帯における地域農業の変動過程を農用地利用再編として捉え、上川地方の中山間地帯である下川町を事例として、1990年以降の動向とその特徴を整理している。そこでは、下川町における農協主導の農用地利用再編過程を示した上で、さらなる農用地利用再編を迫られており、農家や農協等の地域の主体性・内発性が強く求められることを示している。また、既定の直接支払制度の目標は「耕作放棄地の防止」に主眼が置かれているが、地域の主体的な農地利用再編を支援するような政策の枠組みが必要となっており、より積極的な目標の設定とその取組に向けた政策手段が必要であるとしている。

井上［7］は、柳村［79］の見解を踏まえ、下川町における農協主導による農用地利用再編について分析している。そこでは、農協主導による野菜作の導入が組合員の収益向上に貢献し、他方で農協による土地利用部門の支援（農作業受託事業）が、耕作放棄が懸念される農地の保全を果たしていることを評価している。

また、井上［6］は道南地域の中山間地帯である檜山管内厚沢部町を事例とし、集約作物振興と農業労働力支援組織の展開について分析し、集約作物

振興が図らずも農地利用の粗放化に結びついてしまったことを指摘している。

第3節　論点整理と本書の構成

　序表に整理するように1990年代以前の既存研究では、代表的地域における事例分析により、中山間地帯における集約作物の振興についてその支援主体を含め詳細に論述されている。中山間地帯では、1980年代に水田複合として野菜作が導入され、その多くは農協による産地形成として地域農業転換が進められ、農業自立の方向を打ち出したと評価されてきた。繰り返すが太田原［17］による集約北進論にみるように、この産地形成が行われた時点において、土地利用部門の担い手に関する問題はまだ重視されていなかった。その後、1990年代以降を扱った井上［6］は、土地利用部門での担い手問題が発生したことで、集約作物振興が図らずも農地利用の粗放化に結びついている実態を分析した。産地形成・複合化後の土地利用部門の実態について分析されたものとして高く評価すべき研究といえる。しかし、土地利用部門に限った研究であり、産地形成・複合農業の展開と土地利用問題との関係など、その構造的研究はなされていない。

　以上から本書では、北海道の道南を中心とした中山間地域の担い手問題に関する研究として、1980年代に北海道の第4の作物として位置づけられた中山間地域での野菜産地形成に注目しつつ、経営の集約化の一方で土地利用型部門が空洞化されていることを明らかにし、その再構築策を整理する。以上が一部の第1章から第4章である。その後の担い手の大きな減少の中で、農業生産法人の役割に注目したのが第2部の第5章から第8章である。担い手が大きく縮小を見せる中で、地域農業の持続性の維持のためには農業生産法人の役割が増しているのが現段階であり、北海道の全体の動向の先取り的な動きと考えられる。ここでは水田と畜産という道南的な経営形態を対象としている。また、一方で家族経営の再生産という意味で重要な新規就農者の受入れの体制と成果についても明らかにする。そして、終章では中山間地帯の

序　章　本書の問題意識と課題

序表　北海道における中山間地域の担い手研究

農業展開の特質を歴史段階的に整理した上で、北海道中山間地帯における担い手の存在形態を考察する。

注記
1）道南とは旧支庁単位でいえば渡島・檜山・後志（道南Ⅰ）と胆振・日高（道南Ⅱ）の地域をなす。ここでは道南Ⅰの渡島・檜山を道南と呼ぶことにする。
2）2016年の改正農地法から、「農業生産法人」は「農地所有適格法人」に呼称が変更となっているが、本書では旧称の「農業生産法人」を用いることとする。

第Ⅰ部

道南農業の転換－集約化と土地利用型農業の再編
―1980 ～ 2000年代―

第1章

北海道における中山間地帯の農業構造

第1節　北海道における中山間地帯農業の位置付け

　北海道農業は稲作、畑作、酪農という経営形態がそれぞれ中核地帯を形成し、地域分化を遂げている。一方で、そこに属さない農業地帯も存在している。それら地域は中核地帯に対して非中核地帯として表現され、その代表が中山間地帯である。

　2010年センサスによれば、北海道の水田面積はおよそ22万haである。その78％が道央の石狩、空知、上川に集中している。また、普通作物を作った畑面積は31万haであるが、72％が道東の十勝、網走に集中している。さらに、乳用牛の飼養頭数は87万頭であるが、道東、道北の釧路、根室、宗谷の草地酪農地帯でのシェアは44％、これに十勝、網走の畑地酪農地帯のものを加えると85％に達する。これらの地域が稲作、畑作、酪農の中核地帯として発展してきた。

　これに対し、中山間地帯では経営形態ごとの明確な分化はみられず、稲作、畑作、酪農経営の混合地帯として地域農業が展開してきた。そのなかで、水田農業をベースに置く中山間地帯のうち、耕地面積が一定の広がりをみせる町村では、産地形成による施設野菜の振興が図られ、地域農業の転換が行われたという共通点を持っている。それら地域では、減反・転作以降に稲作が後退・縮小する反面、施設園芸の導入によって、経営複合化、産地形成が成し遂げられ、園芸を基幹部門とした専業的な自立経営が創出された。しかし、高齢化による離農や施設野菜偏重により、水田の土地利用問題が発生してきている。

　本章の課題は、以上のような中山間地帯の農業構造の特質を1980年から2000年代の時期で整理し、北海道農業における中山間水田地帯の積極的な位

置付けを行った上で、産地形成により新たに発生した土地利用部門の担い手問題について各種統計資料を用いて明らかにする。

第2節　統計からみた中山間地帯の特徴

ここでは、北海道における中山間地帯の農業構造について、センサス、生産農業所得統計を参考に、担い手、農地利用の動向を農業地域類型別に把握する。農業地域類型は統計で使用されている「都市」「平地」「中間」「山間」の4類型である。

1）担い手の減少

はじめに、担い手の動向をみていく。指標として高度経済成長終了前の1970年を基準とした農業従事者の増減率をみることにする。その農業地域類型別の増減率を示したのが図1-1である。1970年を100とした場合の、北海

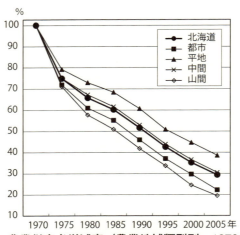

図1-1　農業従事者増減率（農業地域類型別、1970年基準）
資料：農業センサスより作成。
註1）1970年～1995年は総農家の増減率を示す。
註2）2000～2005年は、販売農家の増減率を示す。基準は1970年の総農家。

道における農業従事者数は減少の一途をたどっている。全道平均よりも低下傾向が著しいのは、いずれも中核地帯に該当しないところで、「都市」と「山間」である。2005年における1970年対比の増減率は、「山間」が最も低く19.4％、次いで「都市」の22.2％である。

一方で、低下傾向が全道平均よりも緩やかなのは、農業地域類型では中核地帯に属する「平地」であり、2005年における1970年対比の増減率は38.6％である。他の地域と比べ収益性が高いゆえに、後継者層が流出せず、担い手として定着したものと考えられる。

２）高齢化の動向

農家世帯員の高齢化について、図1-2に示した。高齢化率の推移をみると、すべての地域で年々高齢者の割合が増加していることが窺える。2005年の販売農家における65歳以上世帯員の割合は全道平均が30.9％であり、最も高い農業地域類型は34.5％の「都市」であり、次いで「山間」で32.6％となって

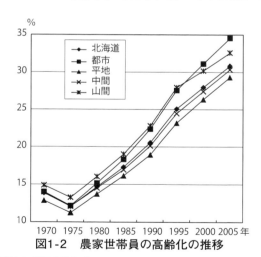

図1-2　農家世帯員の高齢化の推移

資料：農業センサスより作成。
註１）1970年は、総農家における60歳以上農家世帯員の割合を示す。
註２）1975年～1995年は、総農家における65歳以上農家世帯員の割合を示す。
註３）2000年～2005年は、販売農家における65歳以上農家世帯員の割合を示す。

いる。90年代までは、山間において高齢化率が最も高かったが、2000年に「都市」が「山間」を上回った。全体としては増加傾向にあるものの、「山間」においては2000年代に入って、その増加率がやや緩やかになっている。

3）農家の減少

1970年を基準とした総農家数の指数を図1-3に示した。図にみるように2005年における全道平均の指数は35.6となり、40を切る水準まで低下している。最も低い農業地域類型は45.3の「平地」である。反対に最も高い農業地域類型は25.8の「山間」であり、中核地帯に該当しないところで、それゆえに多くの限界地を擁しており、農家の減少テンポが早くなっているのではないかと考えられる。

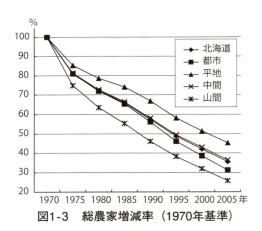

図1-3　総農家増減率（1970年基準）

資料：農業センサスより作成。

4）農地の減少

図1-4に1970年を基準とした経営耕地面積の指数を示した。図にみるように全道の総農家の経営耕地面積は1990年の103万haをピークに減少しており、1970年対比のその増減率はピークとなる1990年に115.9まで上昇するものの、

第1章　北海道における中山間地帯の農業構造

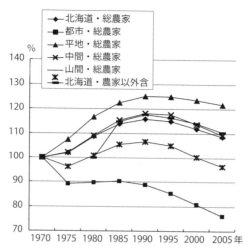

図1-4　経営耕地面積増減率（1970年基準）
資料：農業センサスより作成。
註1）「北海道・農家以外含」は1980年基準となる。
註2）「北海道・農家以外含」の2005年の数値はサービス事業体を含む。

その後減少に転じ、2005年には108.7％まで低下した。

　農業地域類型別の動向を図でみると、第1に「都市」と「山間」が1975年に早々減少に転じている。「都市」はその後も減少傾向をみるが、2005年の1970年対比の増減率は76.2％まで低下している。他方で「山間」は1980年に一旦増加に転じ、1980年代末まで増加傾向を辿るが、1990年をピークに減少に転じてしまっている。2005年には1970年の面積を下回り、1970年対比の増減率は96.4％まで低下した。「平地」に比べると、中間、山間地域においては、1990年のピーク後の減少傾向がより強くなっている。

5）農業収入の減少

　1985年を基準とし地域別の農業産出額の動向を図1-5で確認する。1985年を基準としたのは、80年代後半以降、政府管掌作物が軒並み下落に転じているからである。

13

第Ⅰ部　道南農業の転換－集約化と土地利用型農業の再編

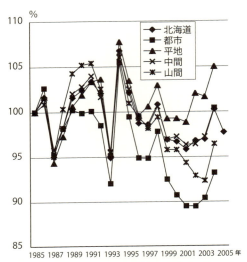

図1-5　農業産出額増減率（1985年基準）
資料：生産農業所得統計より作成。
註1）市町村合併が進行した2005年以降は類型別の表示できない。

　市町村合併の影響により2005年以降の農業地域類型別の増減率が算出できなくなっているため、直近のデータは2004年である。1985年を100とした場合、2004年現在その水準を上回るのは「平地」のみであり、全体としては不安定な推移を辿りながらも減少傾向にある。「山間」においては1994年に農業産出額の増加率が106.0％まで達しピークを迎えるが、その後は減少の一途をたどり、現在では1985年水準を大きく下回っている。また、「中間」では、同じく1994年にピークを迎え、106.6％となっているが、その後は横ばい傾向が続き、1985年水準を5％以上下回ることはない。また、1990年代前半までは地域による動向の差はそれほど見られなかったが、1990年代後半になると、地域ごとに産出額の増減傾向に違いがみられるようになり、先述した「山間」が減少、「中間」が横ばい傾向なのに対し、「平地」は上昇傾向となっている。

14

第1章　北海道における中山間地帯の農業構造

6）野菜の生産振興

　「担い手の減少、農家世帯員の高齢化、農家の減少、農地の減少」といっ
た一連の動向が北海道農業の現状といえるが、一連の動向の起点となるのが
「農業収入の減少」であり、この克服が求められる。その一つの対応として
挙げられるのが、収益性の高い野菜作の導入・定着である。

　表1-1は、「農産物を販売した農家」に占める「施設野菜単一経営」「稲首
位施設野菜2位準単一複合経営」「施設野菜首位準単一経営」の割合を農業

表 1-1　農業地域類型及び地帯別にみた農業経営組織別経営体数の割合

（単位：％）

		1985 年	2005 年
施設野菜単一経営	北海道	0.3	3.0
	都市	0.4	2.9
	平地	0.2	2.0
	中山	0.3	2.6
	山間	0.4	6.3
	水田	0.3	3.0
	畑作	0.2	1.4
	酪農	0.1	0.1
	その他	0.5	5.3
稲首位施設野菜2位準単一複合経営	北海道	0.5	1.8
	都市	0.3	1.5
	平地	0.8	1.9
	中山	0.3	1.6
	山間	0.5	2.3
	水田	1.0	3.7
	畑作	0.1	0.3
	酪農	0.0	0.1
	その他	0.4	1.0
施設野菜首位準単一複合経営	北海道	0.3	2.5
	都市	0.4	2.3
	平地	0.2	2.0
	中山	0.3	2.7
	山間	0.4	3.4
	水田	0.3	2.9
	畑作	0.3	1.9
	酪農	0.1	0.3
	その他	0.5	3.3

資料：農業センサス各年より作成。
註1）表示した数値は「農産物を販売した農家」に占める当該経営組織の割合
　　　である。

第Ⅰ部 道南農業の転換－集約化と土地利用型農業の再編

地域類型別および地帯別に示したものである。これをみると、条件不利地を多く抱える「山間」、米価暴落のダメージをまともに受けた「水田」、中核地帯に属さない「その他」において収益性の高い野菜を基幹とする経営が多く、そのシェアが増加傾向にあることがわかる。また、表示した1985年と2005年のシェアを比較すると、その伸張が著しいのもこれらのエリアであることが確認できる。中でも「山間」および「その他」に属する「施設野菜単一経営」の急増は目覚ましく、前者は0.4％から6.3％へと5.9ポイントの増加であり、後者は0.5％から5.3％へ4.8ポイントの増加である。

　以上のことから、端的に述べると「山間」「水田」「その他」といった経営環境の厳しいエリアを中心に収益性の高い野菜作の導入が進行し、それが基幹作物として定着してきたのが近年の北海道の実態である。

　では、実際にどのような市町村で、野菜の産地形成に取り組まれたのであろうか。この点を明らかにするために、施設野菜を起点とする３つの経営組織の農産物販売農家に占める割合に注目し、その2005年の割合が「北海道山間平均」を上回っている旧市町村を抽出した。その一覧が**表1-2**である。これをみると野菜の産地形成に取り組んだ地域は、道内各地に点在しているわけではなく、表にみるようにこれらが位置するのは、渡島・檜山が該当する「道南」、後志・留萌が該当する「日本海沿岸」、胆振・日高が該当する「太平洋沿岸」、旧産炭地の野菜地帯を含む「中・南空知」、そして「上川管内盆地・中山間」の５地域のいずれかとなる。つまり、畑作中核地帯を擁する十勝・網走、良食味米生産地帯といわれる北空知などには存在せず、野菜の産地化を果たしたケースの大半が中核地帯から外れた場所に位置することがいえる。

　本論で取り上げる知内町、下川町、厚沢部町の３町もこうした野菜の産地化を果たした地域に該当し、知内町はすでに1985年時点において「施設野菜単一経営」の割合が1.8％、「施設野菜２位準単一複合経営」の割合が3.5％と、いずれも「北海道平均」を大幅に上回っていた。つまり、古くから実績のある先発地域といえる。下川町はやや遅れて、施設野菜をメインクロップとす

16

表 1-2　野菜を中心とする農家のシェアが大きい市町村の動向

(単位：%)

地域		農業地域類型	地帯	施設野菜中心の経営		露地野菜中心の経営	
				1985 年	2005 年	1985 年	2005 年
	北海道　平均			1.1	7.3	9.7	10.0
	北海道山間　平均			1.3	12.0	11.3	10.0
道南 (渡島・檜山)	知内町	山間	水田	5.7	55.1	1.1	2.4
	旧上磯町	都市	その他	2.3	33.4	14.7	14.3
	旧大野町	平地	水田	10.3	26.2	10.1	20.9
	森町	山間	畑作	8.3	25.6	40.9	21.7
	乙部町	山間	その他	0.0	22.6	19.6	12.9
	旧熊石町	山間	その他	0.0	23.6	15.6	0.0
	厚沢部町	山間	その他	0.1	2.1	2.5	11.4
日本海沿岸 (後志・留萌)	小樽市	都市	畑作	3.7	23.6	39.4	32.9
	仁木町	中間	その他	0.6	31.5	15.8	3.3
	余市町	中間	その他	10.9	21.7	6.5	2.8
	苫前町	山間	水田	0.3	14.3	0.6	9.1
太平洋沿岸 (胆振・日高・釧路)	豊浦町	中間	その他	4.3	29.0	34.7	6.0
	旧穂別町	山間	その他	5.8	22.5	19.0	23.6
	旧日高町	山間	水田	2.1	27.6	11.6	0.0
	平取町	山間	その他	4.7	50.7	12.8	4.1
	釧路町	山間	その他	0.8	18.8	45.0	28.2
中・南空知	夕張市	山間	その他	5.7	85.5	70.9	11.2
	三笠市	山間	その他	0.8	20.8	53.4	42.6
	砂川市	平地	水田	0.4	17.4	23.5	16.4
	奈井江町	平地	水田	0.0	15.5	2.1	2.7
	栗山町	中間	水田	0.9	13.0	14.4	20.0
	浦臼町	平地	水田	1.8	18.7	6.3	3.5
上川管内 盆地・中山間	旭川市	都市	水田	2.2	14.8	6.8	5.7
	東神楽町	平地	水田	7.6	39.5	8.4	6.1
	当麻町	平地	水田	10.3	20.6	2.9	3.0
	東川町	中間	水田	3.1	24.9	7.1	2.8
	中富良野町	平地	水田	0.9	13.5	12.0	22.6
	占冠村	山間	その他	1.5	16.0	14.7	4.0
	下川町	山間	その他	0.0	17.5	9.7	13.4

資料：センサス各年より作成。
註1）2005 年における施設野菜のシェアが「北海道山間平均」より大きい市町村を示した。
註2）施設野菜中心の経営は「施設野菜単一経営」「稲首位施設野菜 2 位準単一複合経営」「施設野菜首位準単一複合経営」の合計である。同じく「露地野菜中心の経営」も「露地野菜単一経営」「稲首位露地野菜 2 位準単一複合経営」「露地野菜首位準単一複合経営」の合計である。
註3）厚沢部町は施設野菜シェアは小さいが、露地野菜中心で急増しているため示した。

る農家が増加したことが言える。厚沢部町は、露地野菜によって産地形成に取り組み、2005年時点で各産地が戸数を減らすなかで、唯一、戸数の増加がみられている。

　以下では、3つの事例の地域農業の展開と担い手動向について見ていくこととする。

第Ⅰ部　道南農業の転換－集約化と土地利用型農業の再編

第3節　中山間稲作地域における農業展開

　北海道における中山間地帯農業といっても、第1節で述べたように幅広い
地域を含む。ここでは、経営複合化により産地形成した地域における土地利
用部門の担い手の創出という問題意識から水田農業をベースにおく地域を対
象にしたい。減反・転作以降に稲作が後退・縮小する反面、複合化による産
地形成によって地域農業転換が奏功し、園芸産地として一定の地位を確立し
た地域である。担い手の面では、園芸を基幹部門とした専業的な農業自立経
営群を創出しており、それ自体は輝かしい成果であることは間違いない。

　この面だけを捉えれば単なる「集約北進」の成功事例の紹介に留まるが、
本論の問題関心はその「負」の側面を見ておくこと、言い換えれば集約北進
の「光と陰」の両面を見つめておくことにある。「陰」の面とは端的に水田
の土地利用問題であり、このことをめぐる問題状況が今日、この地域が抱え
る農業構造問題を象徴している。

　事例として取り上げるのは知内町（渡島南部）、下川町（上川北部）、厚沢
部町（檜山南部）の3地域である。事例地域の農業展開を「稲作の縮小」と
「園芸部門のウェイト増大」という二つの指標を中心に捉え、地域農業の展
開及び担い手像を整理する。

1）作付の変遷

（1）知内町

　知内町における、1969年以降の農業粗生産額（農業産出額）の耕種部門に
占める米・野菜の比率と、統計から算出した転作率を図示したのが**図1-6**で
ある。

　まず、粗生産額に占める野菜部門のウェイトを見ると、1980年代半ばまで
は10％前後に過ぎなかったが、米価引き下げが行われた1980年代後半以降に
なると3割前後に達するようになり、さらに米価が急落した1990年代半ば以

18

第1章　北海道における中山間地帯の農業構造

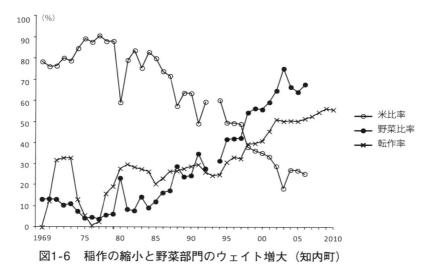

図1-6　稲作の縮小と野菜部門のウェイト増大（知内町）
資料：生産農業所得統計及び北海道農林水産統計年報より作成。
註1）転作率は（％）＝（田本地－水稲作付）／田本地面積により求めた。
註2）1977年は統計に田本地の表示がないため、前後年の平均値により算出した。

降は5割前後に引き上がっている。米と野菜のシェアが逆転したのは1998年であり、これ以降も野菜部門のウェイト増大傾向は続いている。知内町の野菜を代表するニラ栽培は1971年の「ニラ生産組合」の設立以降、継続的に取り組まれてきたが、1980年代半ばまでの地域農業は依然として米のウェイトが高く、野菜生産の拡大は米の落ち込みをカバーしてきた面が大きい。

　他方、転作率は1990年代半ばまでは30％前後で推移していたが、この時期以降の生産調整強化によって引き上がり、2000年代に入ってからは50％超の水準で推移している。

(2) 下川町

　下川町における耕種部門に占める米・野菜の比率と転作率の推移を図示したのが図1-7である。
　まず転作率の動きを見ると、下川町では減反初期から稲作が大幅に後退し、

19

第Ⅰ部　道南農業の転換－集約化と土地利用型農業の再編

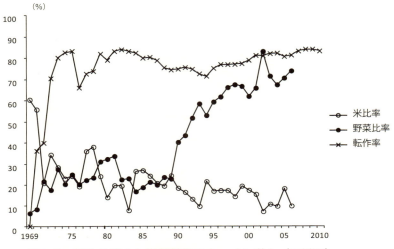

図1-7　稲作の縮小と野菜部門のウェイト増大（下川町）
（資料）及び（注）図1-6に同じ。

開始からわずか2～3年で転作率は80％前後に達している。他方、粗生産額に占める野菜部門のウェイトに着目すると、1990年代以降の急伸張が見て取れる。下川町農協が「施設野菜振興計画」を策定するのは1993年のことであるが、主要品目のひとつであるハウス栽培のキヌサヤはそれに先立つ1991年に導入されていた。園芸振興を支えた原動力は、行政と農協が1994年に創設したハウス設置補助制度である。この時期以降の野菜部門のウェイト増大は、早い時期から後退がみられた稲作とは無関係に、園芸それ自体の伸びに支えられたものと言えよう。

(3) 厚沢部町

同様に厚沢部町の粗生産額に占める米・野菜比率と転作率の推移を図示したのが図1-8である。

厚沢部町は道南屈指の良質米地帯として知られた地域であるが、1980年代

第1章　北海道における中山間地帯の農業構造

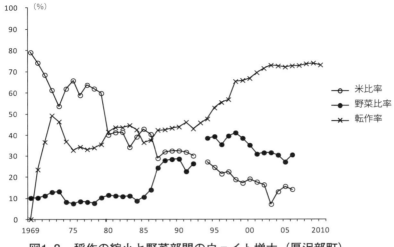

図1-8　稲作の縮小と野菜部門のウェイト増大（厚沢部町）

（資料）及び（注）図1-6に同じ。

の連続冷害を契機に稲作の後退を余儀なくされた。これに伴い、粗生産額に占める米のウエイトも40％前後に落ち込んでいる。地域全体として畑作中心の農業に基軸を移したのがこの時期であり、露地野菜を導入した畑作経営が創出された。そのことは同時に大規模経営が展開する背景ともなっている。

野菜部門のウエイトに眼を転じると、1980年代半ば以降の急伸張が見て取れる。このことは米価引き下げともあいまって、米のウエイトの一層の低下をもたらしたが、野菜部門の伸張自体は地域主導の園芸振興に支えられた動きである。その中心は露地野菜であった。野菜部門のウエイトは次第に高まり、1990年代半ばには米と野菜のシェアが逆転している。

ただし、露地野菜は畑輪作に組み込むのが基本であり、粗生産額に占める野菜のウエイトは多い年でも40％前後、2000年代に入ってからは30％程度に留まる。この点は先に触れた施設園芸地帯との大きな違いである。

他方、転作率は1980年代から1990年代前半を通じて50％前後で推移してい

21

第Ⅰ部　道南農業の転換－集約化と土地利用型農業の再編

たが、1990年代半ば以降の生産調整強化により一段と引き上げられてきた。2000年代以降は70％強の水準で推移している。このことは畑作的土地利用の一層の拡大をもたらし、大規模経営の拡大基盤を提供している。

2）担い手の動向

（1）知内町

　知内町においては、20年間で農家数が大きく減少しており、耕地面積も減少がみられる（**表1-3**）。しかし、一戸当たり面積は上昇しており、担い手への農地集積が進んでいることが分かる。階層別戸数の推移をみてみると、1990年においては1ha未満層が大きな割合を占め、平均規模以下である1ha以下層と1〜3ha層は全体の57％と半数を超える。この層が農家戸数に占める割合は1995年では53.3％、2000年に入っても半数の50.0％を占めている。2005年に入ると、平均規模以下層である5ha以下層の割合は64.0％、2010年になって割合が若干低下するものの59.6％を占めている。平均規模以下の階層が半数以上の割合を占めており、滞留構造がいまだに保たれているように思われるが、3ha以下層の割合が低下しており、とりわけ1ha以下層の低下が著しい。それに対して3〜5ha層の割合はほぼ横ばいとなっている。若干のシェア低下を伴いつつも依然として大きな割合を保っている1〜3ha層とほぼ横ばいの3〜5ha層が施設野菜を主力とする複合経営部門の担い手として厚く存在していることが確認できる。

　しかし、1990年から2010年の農家戸数の推移をみると2つの層は共に大きく減少している。一方で、5〜20ha層の占める割合が相対的に増加している。5〜10ha層の占める割合はほぼ横ばいであるが、10ha以上層で割合が大きく増加している。ただし、各階層における農家戸数をみると、10〜20ha層は1990年に20戸あったものが2010年には24戸とそれほど大きな変動はない。2010年には20〜30ha層は9戸、30〜50ha層では5戸であり、50ha以上層は存在せず、大規模層はいまだ形成されていないと考えることができる。

第1章　北海道における中山間地帯の農業構造

表1-3　担い手の動向

(単位：戸，ha，%)

	年次	合計(販売農家)	耕地面積	一戸当たり面積	階層別戸数								借地農家率	借地率
					-1	1~3	3~5	5~10	10~20	20~30	30~50	50以上		
知内町	1990	362	1,431	3.9	109	123	78	76	20	1	—	—	22.1	9.6
	1995	336	1,427	4.2	72	107	54	68	27	8	—	—	25.9	14.5
	2000	280	1,292	4.6	58	82	54	51	28	6	1	—	23.6	14.8
	2005	197	1,144	5.8	34	44	48	33	30	6	2	—	32.0	25.5
	2010	166	1,286	7.6	21	42	36	29	24	9	5	—	44.0	40.1
	年次	合計	耕地面積	一戸当たり面積	-1	1~3	3~5	5~10	10~20	20~30	30~50	50以上	借地農家率	借地率
下川町	1990	262	3,094	11.8	25	37	62	54	30	20	25	9	27.1	12.4
	1995	225	3,179	14.1	18	26	50	48	31	12	28	12	30.2	14.9
	2000	185	2,826	15.2	12	18	48	47	18	7	18	17	26.5	16.8
	2005	171	3,046	17.8	7	25	39	43	14	5	14	24	29.2	18.5
	2010	152	2,787	18.3	4	19	37	38	18	3	12	21	30.3	14.5
	上名寄第1	4	33.5	8.4	—	—	—	2	1	—	—	—	25.0	10.5
	上名寄第2	12	59.0	4.9	—	3	4	5	—	—	—	—	—	—
	上名寄第3	24	241.2	10.1	—	4	7	6	5	—	2	—	45.8	25.7
	中成	16	212.4	13.3	2	3	3	6	3	—	—	—	18.8	12.5
	パンケ	21	314.2	15.0	2	3	5	6	2	1	1	2	28.6	9.7
		20	412.5	20.6	—	2	8	8	2	—	2	3	30.0	13.8
	年次	合計	耕地面積	一戸当たり面積	-1	1~3	3~5	5~10	10~20	20~30	30~50	50以上	借地農家率	借地率
厚沢部町	1990	567	3,672	6.4	68	137	98	141	109	14	—	—	33.5	14.9
	1995	473	3,646	7.4	53	113	88	109	90	20	—	—	35.3	18.5
	2000	413	3,441	8.3	52	91	65	82	82	29	9	3	37.8	24.4
	2005	355	3,519	9.9	59	68	46	67	64	25	16	10	43.4	32.5
	2010	304	3,350	11.1	40	56	41	58	50	29	20	20	46.7	35.8

資料：農業センサスより作成。
註1）表中の値は販売農家での数値である。
註2）1990年から2005年は、農業センサスのデータである。
註3）2010年のデータは、北海道『2010年世界農林業経営体調査報告書』より作成。

第Ⅰ部　道南農業の転換−集約化と土地利用型農業の再編

　表示していないが借地戸数および面積の推移でみると、戸数が減少しているのに対し面積は大きく増加している。つまり、施設野菜を導入している小面積の担い手が大きなシェアを占める一方で、農家戸数を大きく減少させ、20年間で道南地域の特徴であった滞留構造が解消されてきているものの、それを受ける大規模層の形成が進んでいないのである。

(2) 下川町

　下川町においては、知内・厚沢部両地域と同様に、20年間で農家数および耕地面積の減少がみられるなかで、50ha以上層を除くすべての階層で農家戸数が減少しているところに特徴がある（**表1-3**）。その中でも特に1ha未満層と20〜30ha層の減少が著しい。2010年では3〜10ha層は75戸であり、農家戸数152戸の49.3％を占めている。知内町と同様に、施設野菜を主力とする小面積の農家層が厚く存在するものの、農家戸数自体は大きく減少しているが、知内町とは異なり、10ha以上層の割合が低下し、農家戸数も減少している。さらに、借地の推移をみると戸数は減少しており、面積も目立った増加はみられない。

　つまり、下川町においては、5ha未満の零細農家の大きな減少がみられるものの、10〜50haの層も同様に減少しているため、知内町以上に平場でいうところの農地の受け皿となる大規模層が形成されているという状況にはない。

(3) 厚沢部町

　厚沢部町においても、知内町、下川町と同様に20年間で農家数および耕地面積の減少がみられる。階層別戸数の推移をみてみると、20ha以下の層で農家戸数が減少している（**表1-3**）。割合を見てみても、1ha未満層では横ばいとなっているが、他の階層では割合を低下させている。一方で20ha以上層では農家戸数が増加し、20〜30ha、30〜50ha、50ha以上の各階層が占める割合も増加している。つまり、5〜10ha、1〜3haの層が依然とし

24

第1章　北海道における中山間地帯の農業構造

て大きな割合を占めているが、増加傾向を示しているのは20ha以上層のみとなっている。特に、30ha以上層が出現するのは既出した**図1-8**に示すように野菜部門のシェアが低下してくる2000年になってからである点が注目される。2000年以降になって、徐々にではあるが耕地面積10ha未満の小規模層と20ha以上の大規模層との分化が進んできているという特徴がみられる。産地成熟期である1990年代には露地野菜の導入が進み、それを主力とした小面積の農家が担い手として厚く形成されたが、野菜のウェイトが低下するにつれてその階層の割合は低下し、大規模層が形成されてきたのである。

　次に、借地の推移をみてみると、知内町と同様に戸数は減少がみられるものの面積は大きく増加しており、担い手への農地集積がうかがえる。つまり、厚沢部町においては、1990年代の産地成熟期においては知内町や下川町と同様に、野菜部門を導入した小面積の農家が厚い層を形成した一方で大規模層は存在していなかった。しかし、2000年以降に野菜のウェイトが低下して産地が後退するにしたがって、ある程度の小規模農家を残しつつ、農地の受け皿となる大規模層が形成されたのである。

第4節　小括

　北海道中山間地帯では、農業従事者数、農家世帯員の高齢化、総農家数、経営耕地面積、農業産出額の各指標は北海道平均より悪化している。農家戸数、農業従事者数は減少し、耕地面積も縮小しているが、残された担い手による地域農業の維持が課題となっている。しかし、平地地帯と異なり土地利用を基盤とした農業経営体の存在は厳しい状況にある。残された担い手は、先進野菜産地を形成してきた複合経営であり、これらが土地利用部門を担いうる仕組みを構築することが求められている。

　各事例において「稲作の縮小」と「園芸部門のウェイト増大」というふたつの指標から、それぞれの野菜産地の形成過程と土地利用問題の発現を整理した。知内町では1980年代半ば以降の稲作の後退をカバーするかたちで、野

25

第Ⅰ部　道南農業の転換－集約化と土地利用型農業の再編

菜生産の比重が一貫して増大してきた。しかし、1990年代半ば以降は転作の拡大を余儀なくされ、転作土地利用の再構築が課題となっている。平均面積は事例の中で最も小さく、規模別に見ると5ha以下の小規模層が半数以上を占め、この様な小規模層では施設園芸の比重がさらに高いと思われる。一方で10ha以上の層が1990年以降一定数存在し、こちらでは土地利用部門の比重が高いと思われる。

　下川町では減反開始当初に稲作が大幅に後退したが、やや遅れて1990年代から本格的な園芸振興が開始された。酪農経営も含むため平均面積は事例の中では最大であり、規模別の農家数では3〜10ha層に半数が集中する一方、他の2町と異なりそれ以下の層は少ない。

　厚沢部町では1980年代以降に稲作が縮小し、1980年代半ばから野菜作の本格的な振興が着手された。1ha未満から50ha以上までの各層に農家が分散している事が大きな特徴である。しかし厚沢部町でも5ha未満の合計が約43％と、野菜作を中心としていると思われる小規模層が多く存在し、そういった農家における土地利用部門が課題であると推察される。

26

第2章

農作業受託組織の設立と畑作振興による
土地利用部門の再構築

第1節　本章の課題

　本章は、施設園芸産地において新たに登場してきた土地利用部門の担い手
の実態分析を行い、その特質を明らかにする。事例対象とするのは渡島支庁
管内知内町である。

　北海道における稲作の非中核地帯である道南地域は、1970年代の減反政策
以降、地域農業振興の取組みとして施設園芸を取入れ、施設園芸産地を形成
するに至った。特に知内町では、施設野菜（ニラ・トマト）といった労働集
約的作物の生産振興が図られ、農業経営の収益向上を実現している。

　しかし、その一方で園芸部門への傾斜により水田利用の後退が進展し、耕
作放棄地が拡大している。渡島支庁管内の農業を主軸とする市町村で耕作放
棄地面積割合をみると、最も割合が大きいのは知内町であり、13.5％と高い
割合を示している（2005年センサス）。この事態に対応するため、知内町は
独自に構築した2004年からの「地域水田農業ビジョン」によって、大豆・そ
ばなどの生産振興を図り、農地集積の拡大、作業受委託体制の整備を進めた。
それに直接的に誘導される形で農家、とくに若手農業者を中心に、土地利用
部門の再構築を目的とした「共同利用・受託組織」が立ち上げられ、農地の
保全に向けた取組みが行われている。

　以下では、①知内町における野菜産地の形成過程とその過程における不耕
作地の発生問題を整理し、②土地利用部門の再編課題へ対処している「地域
水田農業ビジョン」の特徴と成果、③それに基づいて形成された地域農業シ
ステムとその担い手である生産組織を分析する。

27

第Ⅰ部　道南農業の転換－集約化と土地利用型農業の再編

第2節　知内町での野菜産地の形成

　知内町は北海道南部の水田地域に位置する。北海道の南端、渡島半島の南西に位置し、東側は津軽海峡を隔てて青森県下北半島を望み、木古内町、福島、上ノ国町と境界を接している。農業の先発・後進地帯である道南の沿岸地域に多くみられる「櫛の歯」構造、つまり、集落間の交流が地理的条件によって遮断され、停滞した社会を象徴する地域である。町のほぼ中央を知内川が流れ、その流域に集落がある。集落はこの流域や津軽海峡にそそぐ小河川の周囲に分布しており、北海道の中でも比較的温暖な気候条件を活かし、水稲にニラ、トマト、ホウレンソウ等の施設野菜を組み合わせた複合経営を主体に農業振興を図っており、特にニラについては北海道最大の産地となっている。

　知内町のニラ生産は1971年から9戸の農家で「ニラ研究会」を作り、ニラ栽培を開始したのが始まりである。その後1975年には「知内ニラ生産組合」を立ち上げ、品種の研究、栽培体系の確立、共同作業の実施などを通じて産地確立に向けた取組みを行ってきており、「北の華」のブランド名で全国的に知られている。

　「知内ニラ生産組合」の前身である「ニラ研究会」発足の契機は、水田にプラスになる何らかの農作物を導入しなければ、知内町農業の今後の発展はないと感じていた研究会設立のリーダー（後の生産組合長）が、ニラの栽培について掲載されている農業雑誌を偶然読んだことにある。それは群馬県の農協青年部が集団で取り組んでいたもので、冬の余剰労働力を活用し、田植え前に収穫が一段落する点と、その高い収益性に魅力を感じとれるものだったという。そこですぐ様、同じ地区の4Hクラブの仲間に呼びかけ、9戸の農家がニラ栽培の研究に応じたのである。

　ニラは播種した年には収穫ができないため、通常1～2年の株の養成期間が必要である。研究会では1971年に最初の種おろしを行ったが、当初は株の

28

養成に２年をかけ、1973年の春に函館市場に初出荷を行った。通常の露地栽培では商品性が低いので、少しでも早出しをねらって、３月に雪を割ってニラにビニール・ネットをかけた。そうしたところ、トンネル栽培では保温性が低く収量は低かったが、２年間養成したため葉幅は広く、高評価を得るに至ったのである。

現在のように無加温ハウスに切り替えたのは1974年であり、正月明け早々から研究会メンバーが共同で除雪作業を行い、17棟のハウスを設置した。研究会は1975年に生産組合へと発展し、売上代金の一部を積み立てて共同で除雪機を導入した。これは、雪割りの重労働を軽減するだけではなく、ハウスのビニールかけを12月に早めることによって、道内では府県物しか出回っていない２月からの出荷を可能にするためである。

知内町におけるニラ生産の成功の要因は、府県産の出回る時期と道内露地物が大量に出回る時期との中間にあたる端境期に、定時定量の出荷ができる体制を作りあげたことにある１）。さらに、知内町は無加温栽培の北限地であり、無加温ハウス栽培法を確立したことも大きな要因である。

現在では、トレーサビリティに対応するため、2004年に結束テープへの生産者番号の表示を開始し、2005年からは「QRコード」２）の添付へとレベルアップして、顔の見える野菜の生産に取り組んでいる。農協資料によるとニラの販売高は、1986年に１億円を突破し、2000年には５億円、2010年には販売額10億円を達成しており、生産組合設立当初から続く「協同の力」によって産地形成がなされている。

第３節　土地利用の動向と転作対応

１）土地利用の動向

1970年以降の知内町における農家戸数の動向をみると（**表2-1**）、1970年に750戸を数えた総農家数は、2005年の238戸まで一貫して減少している。1970年対比では31.7％となり、それに伴って１戸当たりの平均経営耕地面積

第Ⅰ部　道南農業の転換－集約化と土地利用型農業の再編

表2-1　知内町における経営耕地面積規模別農家数の推移

(単位：戸)

	総農家数	自給的	販売農家	−1	1−3	3−5	5−10	10−20	20−30	30−50	50ha以上
1970	750			230	210	122	78	2	−	−	−
1975	570			208	165	173	80	12	−	−	−
1980	486			150	131	97	85	21	2	−	−
1985	431			133	119	67	78	32	2	−	−
1990	407	45	362	109	123	78	76	20	1	−	−
1995	375	39	336	72	107	54	68	27	8	−	−
2000	310	30	280	58	82	54	51	28	6	1	−
2005	238	41	197	34	44	48	33	30	6	2	−
2010			166	21	42	36	29	24	9	5	−

資料：農業センサス各年より作成。
註1）2010年のデータは、北海道『2010年世界農林業センサス農林業経営体調査報告書』より作成。

表2-2　知内町における　主要作物の作付動向

年次	水田本地面積(ha)	水稲作付面積(ha)	転作率(%)	大豆(ha)	小豆(ha)	ばれいしょ(ha)	野菜(ha)	牧草(ha)	大豆	小豆
				主要転(畑)作物の作付面積					単収(kg/10a)	
1990	1,050	740	29.5	12	35	34	12	617	195	177
1991	1,050	731	30.4	21	34	30	16	617	177	174
1992	1,050	770	26.7	20	32	30	16	620	43	51
1993	1,050	787	25.0	21	28	31	18	620	277	246
1994	1,050	782	25.5	17	24	32	19	615	189	167
1995	1,050	718	31.6	18	21	28	21	652	180	162
1996	1,040	685	34.1	20	20	29	22	689	180	162
1997	1,030	686	33.4	26	21	30	41	693	191	186
1998	1,030	611	40.7	31	16	23	42	730	184	165
1999	1,030	608	41.0	29	13	18	56	734	217	211
2000	1,030	596	42.1	17	22	17	57	733	219	245
2001	1,030	548	46.8	24	25	17	63	746	196	213
2002	1,030	490	52.5	36	24	17	61	794	178	165
2003	1,030	498	51.7	54	12	15	62	737	96	33
2004	1,020	491	51.9	83	6	15	59	524	125	150
2005	1,010	488	51.7	114	11	13	63	565	189	191
2006	1,030	485	53.0	109	6	12	62	566	156	183

資料：北海道農林水産統計年報より作成。

は、2.3haから4.8haへと拡大している。

　経営形態別農家構成をみると、1990年代後半までは、1～3ha層で比重が高いが、3ha前後層を境に両極分解の様相をみせている。しかし、2000年代に入ると1～3haの比重は下がり、3ha以上層での比重の高まりが確認され、特に10～20ha層の増加が強くみられる。これは、後にみる転作の大幅な拡大に伴うものと考えられ、分解様相は上層にシフトしている。

　1990年以降の主要作物の作付動向を示したのが**表2-2**である。転作率は、

第2章　農作業受託組織の設立と畑作振興による土地利用部門の再構築

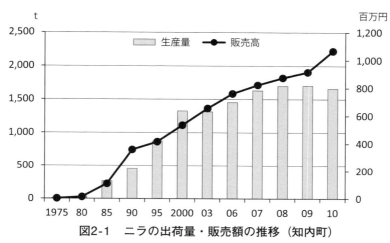

図2-1　ニラの出荷量・販売額の推移（知内町）
資料：農協提供資料より作成。

1998年からの緊急生産調整、2000年からの水田農業経営確立対策を通じて40％台に引き上げられ、2002年以降は50％を超える水準となり、2006年は53.0％に達している。転作の大幅な拡大に伴って、稲作面積は1990年の740haから2006年の485haへと大幅に減少し、1990年対比では、65％の水準に縮小している。

　次に畑作物の作付動向をみると、牧草面積が常に500haを上回っていて、転作の大部分を占めている。畑作物では馬鈴薯・小豆の作付けが減少する一方で、大豆の作付けが大幅に拡大している。大豆の作付面積は、2004年に80haを超えるようになり、2006年は約110haにのぼる。これは、後に述べる知内町独自の産地づくり施策によるものと考えられる。さらに、野菜は年々作付が拡大し、中でもニラは**図2-1**に示したように2010年のその生産数量は1,661t、販売額は10億6,000万円と、北海道最大の産地を形成している。

2）耕作放棄地の状況

　ここからは、耕作放棄地の動向について2005年センサスのデータを用いてみていく。支庁別にその状況をみると、耕作放棄地面積比率が最も大きいの

第Ⅰ部　道南農業の転換－集約化と土地利用型農業の再編

表2-3　耕作放棄地面積割合

支　　　庁	耕作放棄地面積比率（%）
全道	2.0
石狩	3.4
渡島	12.8
檜山	6.0
後志	6.5
空知	1.1
上川	1.9
留萌	2.8
宗谷	2.4
網走	1.1
胆振	4.4
日高	2.9
十勝	0.6
釧路	2.2
根室	1.0

資料：「農業センサス」2005 年より作成。
註1）耕作放棄地面積比率は、耕作放棄地面積（農家
　　　+土地持ち非農家）/(農家の経営耕地面積+農家
　　　の耕作放棄地面積+土地持ち非農家の耕作放棄地
　　　面積）。

が事例対象地管内の渡島支庁で、その割合は12.8％となっており、北海道の支庁の中で最も大きくなっている（**表2-3**）。渡島支庁管内の農業を主軸とする市町村で耕作放棄地面積割合をみると、最も割合が大きいのは事例対象地知内町で13.5％、次いで旧上磯町13.1％、木古内町11.4％、七飯町10.7％、旧大野町10.2％と、いずれの町村も土地利用型農業ではなく、施設・露地野菜作の集約的な農業を主軸としている町村となっている。

　細山［66］は、道南地域における耕作放棄地の発生を、借地展開と耕作放棄地発生、経営耕地面積減少との関係から分析し、道南地域における耕作放棄地の発生を次の2点にまとめて説明している。第1点は道南地域では農地の供給が多い下で借地率も高まるものの、担い手の層が薄く、条件不良農地も多いことから、引き受けられずに放棄される農地が多いことである。第2点は道南地域などでは中山間地が含まれることから、土地条件に劣る農地は購入されずに借地で対応され、それが最終的に耕作放棄地へ転化していることである。

32

第2章　農作業受託組織の設立と畑作振興による土地利用部門の再構築

　細山の分析を踏まえ、もう一つ、道南地域における耕作放棄地発生の大き
な要因を指摘しておきたい。それは、知内町に代表されるように耕作放棄地
面積割合が高い市町村は、土地利用型農業ではなく施設・露地野菜作の農業
を主軸としているということである。知内町も元々水稲を主体とする地域で
あったが、作付ウエイトが低下し主軸の地位から転落し、収益性の高い野菜
作を導入した経営複合化が推進されている。道南地域は、1980年代に太田原
[17] によって提唱された「集約北進」、つまり、自由化攻勢の中で危機に立
つ土地利用型の基幹作物を守りながら、より積極的に野菜を導入し、従来の
基幹作物と組み合わせていく複合経営化、あるいは地域複合化の路線の先頭
に位置付けられてきた。米価が低迷し続ける現状の中で野菜作が水稲収入の
補完的な作物として振興が図られてきた歴史があり、地域の農業生産あるい
は農家経済にとって、施設園芸は非常に有効な対応であったといえる。

　しかしその一方で、園芸部門の傾斜による土地利用（水田利用）部門の粗
放化が進展することとなった。その典型は、**表2-4**にみるように飼料作物生
産で、産地づくり助成が始まる前年の2003年ではその面積は461ha、以後、
３作物（大豆・そば・緑肥）の振興で飼料作物生産は減少していく。助成以
前の飼料作物生産の多くが捨て作り的な牧草転作であり、本格的な転作対応
がなされてこなかったのである。集約的な野菜作を振興することで、土地利

表2-4　知内町における転作・農地集積・耕畜連携への助成

	転作等助成の実績（ha）												耕畜連携事業の実績	
	飼料作物	大豆	一般作物	うちそば	地力増進作物	施設作物	特例作物	調整水田	明渠	暗渠	農地集積	輪作	面積（ha）	対策名
2003年	461	49	11	0	0	100		7						
2004年	430	86	9	1	5	78	18	1	2		282		330	耕畜連携推進対策
2005年	402	100	26	16	8	76	19	0	2	532	301		318	耕畜連携推進対策
2006年	397	108	17	11	4	78	20	0	9	602	311		320	耕畜連携推進対策
2007年	353	60	114	50	63	80	17		1	571	401	167	296	耕畜連携水田活用対策事業
2008年	347	62	118	64	57	81	16		1	858	409	175	311	耕畜連携水田活用対策事業
2009年	347	60	129	62	66	84	16		0.6	1,414	419	189	319	耕畜連携水田活用対策事業　飼料稲フル活用対策緊急対策事業

資料：2003年は北海道農政部「水田農業経営確立対策実績の概要」、2004年以降は知内町役場提供資料より作成。

第Ⅰ部　道南農業の転換－集約化と土地利用型農業の再編

用部門に関わる土地利用の粗放化が進行し、実質的にも名目的にも耕作放棄地の増加を招き、農地利用の空洞化が進行したのである。

3）「地域水田農業ビジョン」による転作対応

　前述したように、施設野菜、とくにニラの生産が拡大する一方で、「集約北進」の負の側面とも位置付けられる土地利用（水田利用）部門の粗放化は、知内町の大きな課題となった。町はその解決策として、米と他作物を組み合わせた収益性の高い水田農業経営を確立するための助成制度を有効に活用しながら、水田の高度利用に結びつける農業振興の展開を目指すこととなった。

　そこで、2004年から始まった産地づくり交付金の助成施策についてみておきたい。知内町における「地域水田農業ビジョン」の内容は、①大豆、そば、緑肥（エン麦）の３作物による輪作を要件とした転作助成（第Ⅱ期からの実施）、②農地集積を促進することを意図した小作料助成、③転作の生産性を高めることを意図した排水改良に対する助成、の３つが主内容である。

　産地づくり交付金の総額は、「新需給調整システム定着交付金」を合わせると２億５千万円となっており（2009年）、その時期の助成施策をみると、３作物（大豆、そば、緑肥）の助成水準が10ａ当たり61千円となるようなメニュー設計を行っている。

　助成体系の特徴点を図2-2で確認すると、農地集積の促進への助成は、農地集積により水田の有効利用を実施しようとする担い手に対し、賃貸料を助成するものであり、集積面積に対し10ａ当たり13千円が３ヵ年毎年助成されている。輪作体系確立の促進への助成は、輪作計画を策定し対象作物（大豆・そば・地力増進作物）を作付しようとする担い手に対し10ａ当たり18千円助成されるものである。団地化への助成は、作物（飼料作物・大豆・そば・地力増進作物）の団地化により水田の有効利用を実施した担い手に対し作付面積に応じて助成されている。

　こうして知内町においては、担い手への更なる農地集積と水田における土地利用部門の活性化のため、産地づくり交付金を活用し、排水整備事業に取

第2章　農作業受託組織の設立と畑作振興による土地利用部門の再構築

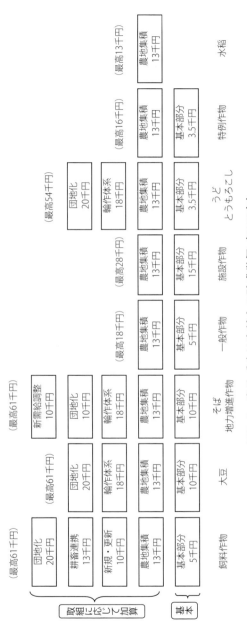

図2-2　産地づくり支付金の助成単価（2009年）

資料：役場提供資料より作成。
註1）助成単価は10a当たりである。

35

第Ⅰ部　道南農業の転換−集約化と土地利用型農業の再編

組み、新規作物としてそばを導入し、大豆を中心とした輪作体系の確立を推進することになった。結果として**表2-4**に示したように、大豆は第１期対策で作付けが増加し2006年には108haまで拡大し、第２期対策からはそば・緑肥との輪作体系が確立され、作付の拡大と定着がなされている。

　牧草転作は５年間で約100ha減少し、減少した牧草も耕畜連携事業と結びつき、2009年での耕畜連携事業の実績は319haとなり、土地利用の高度化が図られている。さらに、農地集積も**表2-4**に示したように、担い手への集積が進み、表示していないが集積率は2004年の74％から2009年には86％となっている。これは、手厚い助成施策が組まれた結果であるといえる。

第４節　土地利用型農業を支える新たな地域農業システムの構築

　これまでみてきたように、知内町では不耕作地の解消、大きくみれば土地利用部門の再構築を目的として手厚い助成施策が講じられたのであるが、それに直接的に誘導される形で新たな土地利用部門の担い手が「農作業受託組織」として出現している。ここからは、その新たな担い手の実態とその特質をみていくこととする。

１）受託組織の形成とその概要

　知内町では、2004年からの「地域水田農業ビジョン」によって、大豆・そばなどの生産振興が図られ、農地集積の拡大、作業受委託体制の整備が進められた。それに直接的に誘導される形で、**表2-5**に示した３つの「共同利用・受託組織」が若手農業者を中心として設立されている。

　まず、各組織の概略であるが、３組織の作業内容は耕起・播種・管理作業全般を担う組織が２組織、大豆・そばの収穫・調製を行う組織が１組織設立されている。耕起・播種・管理作業全般を活動内容とするチームアグリフロンティアは、５名の構成員によって設立されている。この組織の構成員は負債農家が大半であり、設立当時農協理事であった組織代表No.4（後掲**表2-8**

36

第2章　農作業受託組織の設立と畑作振興による土地利用部門の再構築

表2-5　共同利用・受託組織の状況

設立年次	組織名	構成員（人）数	活動内容
2002 年	アグリサポート MKT 組合	7	耕起・播種 管理作業全般
2003 年	知内町豆類機械作業受託組合	38	大豆・そば収穫・調製
2004 年	チームアグリフロンティア組合	5	耕起・播種 管理作業全般
2008 年	知内町畑作生産組合	38	土地利用型作物振興の検討

資料：実態調査より作成。

参照）がこれ以上地域から農家を減らしてはならないという強い使命感から、負債農家を抱え込む形、つまり負債農家対策として組織を設立した。少しでも構成員個々の負債を減らそうと、機械などは全て組織で購入し、購入資金については助成金が活用できる部分はそれで対応しているが、それ以外はNo.4が自己資金を持ち出して組織に貸し出す方法をとっている。次に、アグリサポートMKT組合であるが、後に先発事例として詳しくみるように、この組織は30代後半・40代前半の若手農業者7名によって設立されたものである。最後に、大豆・そばの乾燥・調製を行っている豆類機械作業受託組合であるが、この組織は構成員38名で町内の大豆・そばの収穫・調製作業をすべてカバーしている。この組織では2009年まで機械購入資金として、転作大豆を作付した農家に自らの意思で転作奨励金の一部（2,000円/10 a）を組合に拠出しもらい、第2基金として積み立てを行っていた。ちなみに、2009年の第二基金会計は、基金受入額が294万円である。しかし、一般畑の大豆にも第2基金で購入したコンバインを利用していたため、農家間に不公平が生じることから第2基金は2010年度より廃止され、その代替えとして収穫利用料金を10 a 当たり5,000円から7,000円に値上げし対応している。**表2-6**に豆組合の2008年・2009年の機械利用実績を示したが、利用実績全体では前年より若干減少しているものの、コンバインの利用実績をみると面積で138.2haから154haへと増加しており、大豆・そばの作付が拡大し利用が増加しているものと推察できる。

37

第Ⅰ部　道南農業の転換−集約化と土地利用型農業の再編

表2-6　豆類機械作業受託組合実績

機械名	2008年実績		2009年実績		備考
	面積 （ha.俵）	利用料 （円）	面積 （ha.俵）	利用料 （円）	
鎮圧ローラー	74.3	148,680	86.6	173,220	
コンバイン	138.2	7,547,500	154	8,336,300	豆類101.4・そば28.1
乾燥調整	2036	1,927,251	1,919	304,320	豆類2,000俵・そば562表
クリーナーリース	25日間	25,000		250,000	
合計		10,239,331		9,321,640	

資料：豆類機械作業受託組合提供資料より作成。

　以上が、手厚い助成施策に直接的に誘導される形で設立された３組織の概略であるが、これまで北海道農業は府県農業と比べ組織化の進展が鈍い状況にあり、とくに道南地域は農業者の個別志向の強さなどから、北海道の中で組織化が進展していない地域であるといわれてきた。基本的に現在もその状況は変わらないが、知内町における各組織の設立は、比較的スムーズに進んだといえる。それは、地域農業に対する危機的意識が働いたこともあろうが、課題であった土地利用部門での機械・施設装備が、組織化によって達成されるものと理解されたためである。

２）地域農業システムの核となる農作業受委託組織とその担い手

（1）受委託組織の基幹となる「アグリサポートMKT組合」の活動

　各組織の内実について、最も早い時期に設立された「アグリサポートMKT組合」を事例にとって組織活動の展開をコンパクトにみていく。

　まず、構成農家は７戸であり、40代前半が３名、30代後半が４名である。構成員の年齢からもわかるように、同年代の若手農業者によって設立された組織で、７戸とも親子二世代経営である。構成員の経営概要を示したのが**表2-7**であるが、土地利用部門に加えて、ニラ・トマト・ホウレンソウなど施設野菜を取り入れた多岐に亘る作付構成となっている。

　組織設立の経緯は、設立以前から構成員メンバーが4Hクラブで共に活動しており、施設野菜だけの農業ではなく従来とは異なる土地利用型農業での

38

第2章　農作業受託組織の設立と畑作振興による土地利用部門の再構築

表2-7　アグリサポートMKT組合構成員の経営概要

（単位：歳、ha）

農家No.	年齢	役職	水稲	大豆	そば	馬鈴薯	緑肥	牧草	ニラ	ホウレンソウ	トマト	合計
1	40	組合長	8.0	11.0	1.0		2.7		1.0	0.8		24.5
2	42	副組合長	0.8	2.9	2.8		2.4	11.0	1.0		0.1	21.0
3	42	監事	8.4						0.3	0.2		8.9
4	39		16.0						0.4	0.4		16.8
5	37		9.4	5.9			0.8	3.1	1.1		0.1	20.4
6	35		4.1	2.4		1.5	3.7		0.5	0.1		12.3
7	38		0.3	0.7	3.0				0.5			4.5

資料：農協提供資料より作成。

経営を目指したことに始まる。設立に際しては、関係機関からの支援を受け、北海道の補助事業である「チャレンジ21事業」によりトラクタ1台、作業機（サブソイラー・プラウ・ロータリー）を導入している。

　組織活動について触れておくと、組織所有の機械は先に述べたトラクタ、作業機であり、他の機械については構成員個々が所有している機械を組合として借り上げる形をとっている。作業内容は、大豆・そば・緑肥の耕起、播種、管理作業全般であり、委託者によっては3品の全管理作業を請負うこともある。受託エリアは町内全域であり、他の組織との棲み分けは行っていない。作業の分担については、組合長のNo.1氏が割り振りを行い、構成員の受託作業を行う場合は作業経験が少ないオペレータ（構成員）に練習を兼ねて作業を経験させ、員外の受託の場合はベテランのオペレータが作業を行うように割り振りを行っている。ちなみに、員外の受託作業は年間6件程度であり、構成員内での作業が多くなっている。委託者の性格については、①高齢農家、②施設野菜が主で土地利用型部門に手が回らない農家、③転作関係の機械を所有していない農家と、大きく分類すると3つに分かれている。

　組織活動の成果・課題について、実態調査から得られた知見を整理しておく。まず、組織構成員では機械の共同利用の面で経済的成果が現れているが、オペレータとして出役するため個別経営の作業が農繁期において、とくに施設園芸部門と鋭い競合関係をもち、過重となる。作業委託者においては、組

第Ⅰ部　道南農業の転換－集約化と土地利用型農業の再編

織に作業を委託することで、労力面に余裕が生まれ、施設部門、特にホウレンソウにおいて作型が増加し、市場の信用を得て収益の拡大につながっている。また、地域農業全体の成果として遊休農地が減少したことがある。組織設立以前は、施設野菜を中心とした園芸部門が主で土地利用部門に手が回らない農家において発生していた不作付地が、受託組織の設立によって利用されるようになり、不作付地が減少したのである。組織としての課題は、オペレータを増加させることであり、現在のままでは組織構成員への負担が大きいため、この課題は早急に解決しなければならないものとなっている。今後の組織の意向であるが、作業面積も増加の傾向にあり一定程度達成できていることから、次のステップとして稲作の共同利用やニラとは異なる転作における高収益作物を導入したいと考えている。稲作の共同利用が達成できた段階で、法人化も視野に入れている。

　以下では、先発組織の構成員農家及び委託農家を事例に取り上げ、共同利用・受託組織の役割についてみていくこととしたい。知内町において５戸の農家調査を行っているが、そのうち先発事例で紹介した「アグリサポートMKT組合」の構成員農家２戸（No.1・No.2）及び委託農家１戸（No.3）の３戸をとりあげて組織の機能・役割をみていく。

　分析結果を先に述べれば、構成農家は、経済的負担は軽くなったが、労働面では負担が重くなっている。一方で、委託農家は労働面で負担が軽くなっている状況にあった。

①構成員農家（No.1）

　まず、No.1であるが、「アグリサポートMKT組合」の組合長であり、経営面積は24.5haの田畑＋施設野菜の複合経営である（**表2-8**）。家族構成は経営主（40歳）、妻（36歳）、父（73歳）、母（69歳）の４名で農業従事している。経営主夫婦＋親世代の二世代経営である。家族内での労働分担は、経営主夫婦と母は施設全般を担当し、父は水田担当と家族内での役割分担が明確化している。また、施設では雇用労働力としてパート３名（50代、40代、20

第2章　農作業受託組織の設立と畑作振興による土地利用部門の再構築

表2-8　農家調査概要

組織名	農家番号		集落	経営主年齢（歳）	基幹労働力（人）	雇用労働力（実人数）	経営面積（ha）	田面積（ha）	うち転作面積（ha）	畑面積（ha）	水稲	そば	大豆	緑肥	牧草	野菜
							農家概況				品目別作付面積（ha）					
アグリサポートMKT	1	構成員農家	重内	40	4	女3　通年（50.40.20）	24.5	19.5	8.0	5.0	8.0	1.0	11.0	2.7	-	1.8
	2	構成員農家	重内	42	3	男1（69）女2（60.40）通年	21.0	21.0	20.2	-	0.8	2.8	2.0	2.4	11.0	1.1
	3	委託農家	元町	60	2	女2　短期（40.40.50.60）	12.0	12.0	4.0	-	1.0	-	-	2.0	0.5	0.9
チームアグリフロンティア	4	構成員農家	涌元	59	3	男1　通年	72.0	69.0	68.7	3.0	0.3	16.8	17.5	12.3	26.9	1.2
	5	委託農家	中の川	57	4	女3　短期（65.40.32）	14.0	14.0	13.1	-	0.9	-	2.0	1.0	9.0	1.2

資料：実態調査より作成。
註1）面積は2010年時点での数字である。
註2）雇用労働力のカッコ内は雇用者の年齢である。

代）を通年雇用しており、賃金は3名とも同一賃金で設定している。

　耕地面積は24.5haの内訳は、水田19.5ha、畑地5haである。畑地5ha、転作田3.5haは借地であり（**表2-9**）、前者は湯の里地区2.5haと森越地区2.5haで両者とも2010年より借地しており、高齢化によって農業ができなくなった農家からの借入である。転作田3.5haは、町内の建設業者が持っている農地で、もともとNo.1が作業受託して請負っていた農地であり、2010年に賃貸契約を結んだものである。作付けは**表2-8**に示したように水稲が8.0ha、そば1.0ha、大豆11.0ha、緑肥2.7haの他、施設園芸では56棟のハウスを保有し、ほうれんそう（80坪）、ニラ（100坪）の「施設2品目」を栽培している。大豆、そば、緑肥の3品目については、「アグリサポートMKT組合」に作業委託しており、

41

第Ⅰ部　道南農業の転換－集約化と土地利用型農業の再編

表2-9　調査農家における農地集積の状況

農家番号	経営面積(ha)	借地面積計(ha)	借地件数(戸)	契約期間(年)	小作料(10a/円)	借地の内訳	借入経緯
1	24.5	8.5	1	3 5	3,000 4,000	2008年：転作田 3.5ha 2010年：畑地 2.5ha+2.5ha=5ha	高齢農家の農地建設会社の所有農地
2	21.0	14.5	9	3	13,000	2000年：転作田 14.5ha	Ⅱ兼農家 所有農地
3	12.0	3.0	6	3 5	5,000 13,000	2008年：転作田 2ha 2005年：水田 1ha	半農半魚経営 農地
4	72.0	60.0	49	-	-	-	離農跡地
5	14.0	10.0	4	7 5	13,000	2008年：転作田 2ha 2005年：転作田 3ha+3ha+2ha=8ha	離農跡地

資料：実態調査より作成。
註1）面積は2010年時点での数字である。
註2）経営面積は再掲である。
註3）農家番号4については，借地件数が多く詳細を整理することができない。

結果、2010年の転作田借入にみるように、転作3品の作付が拡大している。

　繰り返し述べるように、No.1は、「アグリサポートMKT組合」の構成員であり、代表でもある。また、組合の作業オペレータでもあり実質的にNo.1が作業オペの大半を担っている。したがって、組合への出役が増えると個別経営の農作業は、後回しになることが多い。また、No.1が組合に出役すると、妻と母への施設部門の作業負担が大きくなってしまう状況にある。

　組合の最大の課題は、農地の団地化であるとしている。現状の農作業受託は、「全町一円」をエリアとしているため請負う農地が点在しており、移動に時間がかかり効率性が悪い状況にある。したがって、町全体を単位としたブロック化、あるいは集落内での団地化が必要であると考えている。

②構成員農家（No.2）

　No.2農家は、「アグリサポートMKT組合」の副組合長であり、先にみた「豆類機械作業受託組合」の組合長でもある。経営主（42歳）、父（69歳）、母（62歳）で、経営主が独身であるため親子3名が農業に従事している。父

第2章　農作業受託組織の設立と畑作振興による土地利用部門の再構築

は、2006年まで町議会議員を務めていたため公務で外出が多く、高校卒業後すぐ就農したNo.2が実質的に経営の中心を担っていた。雇用労働力は、施設園芸部門において女性2名（60歳、40歳）、男性1名（69歳）を農繁期に雇用している。男性は地元の定年退職者であり、女性2名は親戚である。父の時代から農繁期だけ雇用を入れていたため、比較的融通のきく親戚中心の雇用を行っている。家族内での労働分担であるが、No.2は施設が中心、父は水田・転作牧草・畑、母は施設中心であり、No.1の経営と同じく家族内での労働分担が明確化している。

　耕地面積は21.0haで、作付内容は水稲が0.8ha、大豆2.0ha、そば2.8ha、緑肥2.4ha、牧草11.0haの他に、施設園芸はハウス50棟を保有し、ニラ（1.0ha）、トマト（0.1ha）の「2品目」である（**表2-8**）。

　2010年現在、9名から借地しており、借地面積は14.5haである（**表2-9**）。いずれの借地も2006年からのものであり、集積していれば助成金が得られるため借地を増やしているとのことである。また、組織を立ち上げて以降、転作田での借入が増加している。これは、作業を組織に委託することで、増加しているものである。契約期間はすべての農地で3年契約を結んでおり、小作料は10a当たり13,000円である。借地に関する今後の意向は、効率の良い所であるため今後も継続して借りる予定である。

　組合を設立して個別経営内で変化した点については、No.2はNo.1と同様に組合のオペレータであり、また「豆類機械作業受託組合」のオペレータも担っているため、本人への負担が増加している。家族には負担をかけないよう雇用労働力を入れて対処しているが、人件費が増加している状況にある。また、作付面では、転作の作業を組織に委託することで施設部門が拡大している。とくにニラの作付が拡大しており、トマトを減らして収益性の高いそれを拡大している状況にある。

　課題としては、「アグリサポートMKT組合」及び「豆類機械作業受託組合」のオペレータを増やすことであり、早急に対処する必要があると考えている。

43

第Ⅰ部　道南農業の転換−集約化と土地利用型農業の再編

(2) 委託農家（No.3）の性格分析

　ここでは員外の委託者に焦点を当て、その性格をみていく。委託農家であるNo.3の共同利用・受託組織との関わりをみていくと次の通りである。家族構成（労働力）は、経営主（60歳）、妻（60歳）、母（82歳）で、後継者なしの水田＋施設野菜複合経営である。経営主は町議会議員であり農業委員会会長である。2010年現在、6名から借地しており、借地面積は3.0haである（**表2-9**）。最も古いもので2005年、次いで2008年であり、古い借地と新しい借地が混在している。契約期間は古い借地で3年、新しい借地で5年としている。小作料は、古い借地は集積助成がないところであるため、10a当たり5,000円、新しい借地で10a当たり13,000円である。

　耕地面積は12.0haで、水稲1.0ha、緑肥2.0ha、牧草0.5haの他、施設園芸はハウス24棟を保有し、ホウレンソウ0.9haを栽培している（**表2-8**）。数年前までは、玉ねぎ、にんにく、甜菜など多品目を作付けしていたが、収量が上がらず労力ばかりかかることから現在はホウレンソウのみの作付けとなっている。

　作業委託については、緑肥は春作業までは個別作業を行っているが、すき込みは委託している。そばは播種まで個別で作業を行い、収穫は委託、大豆は全作業を委託している。3品の作業、特に水田の作業と競合する春作業・収穫作業を組織に委託することで、労力的に余裕が生まれ、施設野菜部門の拡大が可能となっている。ホウレンソウにおいては作型が増加している。さらに、借地においては組織委託前までは捨て作りの牧草転作を行っていたが、3品への手厚い助成と作業委託が可能となったことから土地を有効に利用することができている。

　受託組織の役割について、委託農家は農業委員会会長としての見解も含め次のように述べている。これまで、知内町の農家は土地に対する執着心から、農地を他人に貸す、あるいは作業を委託することに抵抗感を持っていた。しかし、産地づくり交付金による3品への手厚い助成が構築されたことで、農地を他に任せる意識が高まり変化している。その前提には作業受託組織の存

44

第2章　農作業受託組織の設立と畑作振興による土地利用部門の再構築

在があり、作業を委託する側の農家は大豆・そばなどの機械を保有していないことから、組織に作業を任せざるを得ず、その意味では受託組織の役割は大きい。収益を上げる為の転作だけではなく、農地の有効活用としての3品の作付、それを支えているのは農作業受託組織であると考えている。ただ、組織側では農地の分散による作業効率の悪さが問題となっており、町内全体での団地化が今後必要とされている。農業委員会でもこれが重要課題として位置づけられている。

　今後の経営課題としては、転作部分は組織に依存することになるが、後継者がいないので施設部門の縮小を考えている。また、水田作業の組織が設立されれば、収穫部分は委託する意向を持っている。ミニライスセンターを設立し、収穫作業とセットにした水田共同作業組織の設立を望んでいる。

　以上、3つの事例を中心に農家の実態整理を行ってきたが、知内町における農作業委託農家には、以下に述べるような特徴がある。

　まず、組織構成農家は各組織のリーダーであり、知内町農業の中核的な担い手である。組織化を行い作業を組織に委託することで転作作付の拡大が行われ、また収益性の高い施設野菜部門の拡大が確認できる。また、委託農家では、組織に作業を委託することで、野菜作の拡大と作型の多様化が確認できる。地域農業のシステム化によって構築された新たな担い手としての「共同利用・受託組織」が、土地利用型農業の再構築あるいは労力面からの施設部門拡大に大きな役割を果たしている。ただ、構成員農家の実態にみるように、オペレータとして組織に出役しているため、家族労働力への負担やそれに対応する雇用労働力の人件費の増加などが個別経営の負担となっている。したがって、オペレータの確保が残された課題として認識されている。

3）農作業受委託や機械共同利用の問題点

　上述のように複数の共同利用・受託組織が設立され、実際に作業受委託や機械共同利用が行われると、農家実態分析でみたように、運営や生産面において以下の問題点が発生している。

第Ⅰ部　道南農業の転換－集約化と土地利用型農業の再編

　第一はオペレータの確保であり、これは依然として残された課題となっている。第二は栽培管理の不徹底である。前掲表2-5からもわかるように各組織の受委託作業が部分的におこなわれており、栽培管理は一貫したものとなっていないのである。この問題については、各組織内で解決することが難しく、地域全体の合意形成が不可欠な部分が多いため、その対応が地域全体で迫られたのである。

　知内町では地域の生産支援に関する総合的な視点が不足していることを反省し、地域全体の合意形成を図るために地域生産システムの確立が水田協議会を中心とした関係機関（JA・普及センター・町）の協議によって進められた。主な目的は土地利用作物の振興策を検討することであり、具体的には複合経営農家や高齢野菜農家の有する不作付地・耕作放棄地に係る作業を受託するシステムが求められたのである3）。そして、各組織の調整、つまり、地域生産システムの核となる組織として、また個々の生産者の意向を集約する組織として設立されたのが「知内町畑作生産組合」だったのである。「知内町畑作生産組合」は、前傾表2-5で示した3つの「共同利用・受託組織」のメンバーよって構成されている。この組織の中では、主体的に土地利用型作物の振興策が検討されており、作付面積や管理技術など様々な土地利用型部門の振興に関わる計画が取り決められている。また、この地域生産システム構想に関係している各関係機関（行政・普及センター・JA・共済組合）では、農業振興対策協議会として月一回情報を共有する会議が開かれており、システム化の構想も本格的に話し合われている。

第5節　小括

　本章で分析してきたように、事例地域のように施設園芸産地としてのさらなる発展を推進するためには、農地を適切に利用または保全し、土地利用部門を再構築することが地域全体の課題となっていた。その課題解決の取組として若手農業者を中心に、彼らの自主的な組織活動を媒介に土地利用型農業

の担い手としての共同利用・受託組織を形成してきた。それは、府県の集落ぐるみのそれとは異なる集落の壁を取り払った「全町一円」をエリアとした特性を持った組織であり、農地の保全に向けた取組みが行われている。現局面では関係機関の誘導策に支えられながら、土地利用部門の担い手としての生産者組織の形成・展開が行われつつある。

　地域農業のコントロールタワーともいうべき知内町畑作生産組合としても、さらに作業効率の向上や生産性向上のための手段として、①暗渠排水施工への支援、②農地地図情報の活用（GISシステム）による農地の面的集積、③若手後継者のオペレータ育成、④共同利用・受託組織の作業体系に対応した新規高収益作物の試作、⑤将来的には稲作の共同経営への展開、⑥地元建設業との連携も視野に入れた検討が行われている。

注記
1）青果物産地研究会［47］を参照した。
2）知内町では、「食の安全・安心」に対応したトレーサビリティーシステムを導入しているため、ニラ一束毎についているQRコードを携帯電話で読み込むことで、生産情報を調べることが可能となっている。
3）知内町での地域生産システム確立への取り組みに関しては、北島［29］で整理されている。北島は、地域の生産支援に関する総体的な視点が不足していることから、地域支援体制を構築し、①生産振興策の策定と施策、②生産者組織の設立、③受託組織間の連携調整を進め、地域的な視点で各組織が連携し取り組みを進めていることを整理している。

第3章

農協コントラクター事業と農作業受託組織の
連携による土地利用部門の再構築

第1節　本章の課題

　本章の課題は、北海道上川北部の中山間水田地帯に位置する下川町を事例として、土地利用部門の担い手形成の条件を検討することである。

　下川町は稲作北限地帯に位置し、減反開始以降、稲作が急速に縮小すると共に、転作田を活用した園芸振興が図られてきた。とりわけ、1990年代以降は施設園芸を主体とした振興が取り組まれてきた。

　他方、それと前後して農協直営方式の秋まき小麦の転作作業受託（コントラクター）を実施し、そのことが施設園芸産地の確立にも大きな役割を果たしてきた[1]。ところが、秋まき小麦の連作障害によってこのような土地利用は次第に行き詰まりをみせ、新たな転作利用方式が模索されてきた。さらに、2003年の農協広域合併により、農協直営コントラクター方式は従来通りの継続が困難な局面に至っている[2]。

　このような問題状況を打開するために開始されたのが、生産者組織を主体にした「初冬まき春小麦」の取り組みである。

　以下では、①下川町における園芸振興と農協コントラクター事業の概要を整理し、②2000年代に入って取り組みが始まった新たな転作利用方式（初冬まき春小麦）と生産者組織の活動実態を分析し、③事例地域における土地利用部門の維持と担い手形成の条件を検討する。

49

第Ⅰ部　道南農業の転換−集約化と土地利用型農業の再編

第2節　野菜振興と農協コントラクター事業の展開

1）地域の概要

　かつて林業と鉱業で繁栄した下川町は、1970年代を境にこれらの産業が相次いで衰退し、これ以降は農業が唯一の基幹産業となっている。しかし、山間・遠隔地に位置し、土地条件に恵まれないことから、地域の農業を発展させるためには草地開発による酪農振興と、平坦部の水田地帯を中心に、野菜に代表される労働集約作物の生産に活路を求めるしかなかった。

　野菜に関しては、1993年に策定した農協の施設野菜振興計画が奏功した。**表3-1**はセンサスによる経営組織別農家数の推移を示したものであるが、野菜を基幹とする農家数の割合が1990年代を通じて急増していることが見て取れる。

表3-1　下川町における経営組織別農家数の割合

年次	農産物販売農家数（戸）	単一経営（%）			準単一複合経営（%）			複合経営（%）
			稲作	野菜		稲作主位野菜2位	野菜主位	
1985	257	54.4	4.5	4.8	26.8	0.3	4.5	18.8
1990	246	50.4	4.5	6.9	27.2	1.2	8.5	22.4
1995	219	51.1	3.2	13.7	30.1	3.7	14.6	18.7
2000	173	55.5	4.6	16.2	30.6	2.3	22.0	13.9
2005	149	61.1	1.3	20.8	24.2	2.0	14.1	14.8
2010	129	65.9	0.7	26.4	25.6	3.9	20.2	8.5

資料：農業センサス各年次より作成。
註1）野菜は露地野菜と施設野菜の計。

2）農協による野菜振興の経過

　下川町における野菜生産は、減反・転作への対応として1970年に導入された。ただし、当時農協は再建整備団体（1967年指定）であったため、生産物

50

第3章　農協コントラクター事業と農作業受託組織の連携による土地利用部門の再構築

の出荷は道北青果連に依存せざるを得なかった³⁾。そのため、出荷可能な品目も道北青果連が扱うアスパラ、タマネギ、南瓜、百合根の４品に限られていた。

　その後、1976年に農協は再建整備団体からの脱却を果たし、露地キヌサヤ、小ネギ、ホウレンソウといった軽量野菜の生産を独自に推進するようになった。すでに生産者の高齢化が進行しており、それゆえ高齢者でも容易に生産でき、かつ小面積で高収入が期待できる軽量野菜の生産を振興しなければならないと農協は判断したのである⁴⁾。さらに1986年にはアスパラ苗の供給体制が整えられ、前述した３品にアスパラを加えた４品を主力作物とするに至った。

　1990年代に入ると、先述したように施設野菜の生産が本格的に推進されるようになった。1991年にはすでにハウスキヌサヤが導入されているが、当初は労働力に恵まれた一部の生産者の限定的な取り組みであった。その普及推進を図るため、農協は1993年に施設野菜振興計画を策定、続く1994年には町との協力の下でハウス建設費補助制度を創設した⁵⁾。これらが相まって、ハウスキヌサヤ、小ネギといった施設野菜の生産は急増するのである。

　事実、1990年以降の農協の取扱品目の販売額をみると、野菜の販売額だけは増加しており、計画策定から５年が経過した1998年には農協販売高20億円のおよそ30％を占める６億円を突破した。施設野菜の振興は引き続き行われ、新たな品目も導入されている。1999年からはフルーツトマト（以下、Fトマト）、2001年からは加工用トマトの生産が本格的に始まった。後者の加工用トマトは、ジュース原料として町が運営する加工施設に出荷されている。

　図3-1は、農協の青果物販売高に占める主要７品目のシェアを示したものである。図示した1998年から2009年にかけてシェアを高めているのはFトマトと小ネギである。特にFトマトは、1999年に栽培が開始されてから販売高を順調に伸ばし、2009年には25％でトップシェアとなっている。小ネギは1998年に８％を占めるに過ぎなかったが、2009年には21％のシェアを占めている。また、ハウスキヌサヤもシェアを維持したまま安定的な推移をみせて

51

第Ⅰ部　道南農業の転換－集約化と土地利用型農業の再編

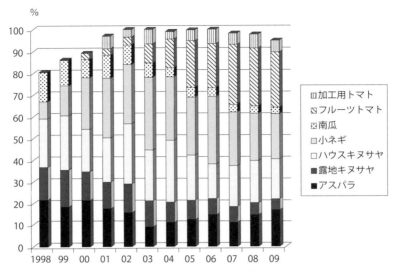

図3-1　下川町における青果物販売高に占める主要7品目のシェア

資料：農協提供資料より作成。
註1）農協合併後は下川支所管内の数値を用いている。

いる。アスパラは変動もあるが、ほぼ同じ傾向にあると見て良い。他方、露地キヌサヤと南瓜はシェアを低下させており、2009年には前者は5％、後者は3％に留まる。

　下川町における野菜生産の経過を特徴づけておけば、露地野菜が減少し、施設野菜が優位なかたちで展開してきたと言えよう。特にハウスキヌサヤ、小ネギのような軽量野菜は、遠隔地に立地する事例地域にとって「単価が高く、輸送費が抑えられる」品目として戦略的な振興が図られてきた。労働集約的ではあるがその分高収益をもたらす品目として生産者にも受け入れられ、施設野菜を基幹とする専業的な農業自立経営を創出してきたのである。

3）「下川方式」の展開と転作利用の変化

　しかしながら他方で、こうした振興方向は労働力不足に拍車をかけ、従来

第3章　農協コントラクター事業と農作業受託組織の連携による土地利用部門の再構築

表3-2　下川町における農協コントラクター事業の実績

年産	受託面積合計（ha）				（参考） 小麦単収 （kg／10a）	備考
		秋小麦	春小麦	ソバ		
1989	250.0	247.0	3.0	-	300	
1990	231.5	229.0	2.5	-	322	
1991	234.0	200.0	34.0	-	256	
1992	259.4	227.4	32.0	-	236	
1993	209.0	99.6	54.4	55.0	269	
1994	231.3	86.9	28.4	116.0	253	
1995	250.2	76.4	59.8	114.0	224	
1996	291.0	107.9	71.7	111.4	230	
1997	315.5	139.6	52.7	123.2	195	
1998	276.1	107.3	32.9	135.9	253	
1999	176.7	8.6	17.0	151.1	43	
2000	225.5	105.3	6.5	113.7	84	
2001	287.2	132.6	60.0	94.6	160	
2002	252.6	131.4	59.2	62.0	2	
2003	241.6	124.8	67.5	49.3	153	
2004	269.6	106.7	56.7	106.2	264	
2005	267.6	71.8	82.6	113.2	174	組合設立（10月）
2006	258.8	26.9	102.5	129.4	189	
2007	243.0	4.4	99.8	138.8	306	
2008	251.1	-	93.9	157.2	350	
2009	158.8	-	11.0	147.8	289	組合収穫作業開始
2010	166.6	-	23.2	143.4	85	

資料：農協提供資料及び北海道農林水産統計年報、北海道農政事務所公表統計より作成。
註1）－は実績なし。
註2）2009年産以降の春小麦収穫は生産者組織に移行しているが、一部受託実績があるため表記。
註3）この他に稲作収穫作業受託が若干あり、2009年の実績は2戸・8haである。
註4）1999年の秋小麦の実績が極端に少ないのは、小麦の眼紋病が発生し倒伏が多く不作であったためである。

からの水田利用（転作）への労働投下を困難としてきたのも事実である。

　こうした事態に対応するため、農協は転作の主要機械作業を全面的に請け負うコントラクター事業を1988年に創設した（受託開始は翌年から）。本章ではこうした野菜振興とコントラクター事業をセットにした取り組みを「下川方式」と呼ぶことにするが、そのコントラクター事業の実績の推移を示したのが表3-2である。

　1989年の事業開始から数年は小麦に関わる作業のみ受託しており、連作を行っていたことがうかがえる。このことは連作障害を招き、表3-2によれば町平均の反収水準は1989年が300kgであったが、2年後の1991年に早くも

53

第Ⅰ部　道南農業の転換−集約化と土地利用型農業の再編

256kgに低下している。そこで農協は1993年からソバを導入し、小麦とソバの交互作を行うこととした。しかし、その後も全体として単収水準は回復せず、1990年代後半以降は200kgを下回り、収穫皆無に近い年次も散見されるようになる。

次に、受託面積を見ておくと、事業開始にあたって策定された計画では、農協は「500haの圃場整備済み水田の半分をコントラクター事業を通じて維持する」という目標を設定していた。開始年の1989年は目標の250haであったがそれ以降は下回る年次が続き、ソバの作付が増加した1995年以降に開始当初の水準に回復している。ピークは1997年のおよそ315haである。しかし、1999年に小麦が不作に見舞われると再び状況は変わった。秋小麦の実績は2001年を境に明確な減少傾向に転じ、ソバの実績も2000年以降はいったん頭打ちになったため総受託面積も伸び悩み、以降は横ばいないしは減少傾向で推移するようになったのである。

こうした従来の「秋小麦・ソバ」の転作利用の後退をカバーしてきたのが「初冬まき春小麦」である。表中の実績には「春まき春小麦」も含むが、春小麦の受託実績は2001年の60haから2005年に83haとなり、秋小麦の実績を上回った。2006年以降は100ha前後まで実績を伸ばし、秋小麦を代替する作物として定着したのである。秋小麦の実績は2007年を最後に皆無となり、また、この年から春小麦はすべて「初冬まき」となった。詳しくは後述するが、その原動力は「初冬まき春小麦」の栽培に取り組む生産者組織であり、2005年10月に「下川町春小麦初冬まき生産組合」（以下、組合）が設立されている。組合は早速翌年に向けた播種作業に着手し、「播種は組合」「収穫は農協」という分担関係が出来上がったのである。

ところが、３年が経過した2009年産の収穫からこの関係に転機が訪れた。農協の意向により組合が収穫作業も担当することとなり（後述）、表に見るように農協としての受託実績は激減している。これにより農協の受託事業は、①従来からのソバの機械作業、②圃場条件が劣悪な一部の春小麦の収穫作業、③ごく一部だが、高齢農家の稲作収穫作業のみとなっている。

54

第3章　農協コントラクター事業と農作業受託組織の連携による土地利用部門の再構築

　なお、これらの作業に従事するオペレータは、事業開始以来、農協のスタッフが担ってきた。2010年時点の在籍オペレータは3名であり、農協農産課長（37才）、同課職員（55才）、臨時職員（38才）で構成されている。農協保有の機械はコンバイン3台、トラクタ1台、グレンドリル1台、プラウ1台、パワーハロー1台、ロータリー1台であり、乾燥調製も農協施設で行われている。

第3節　春小麦初冬まき生産組合の設立と「下川方式」の機能縮小

1）組合設立の経緯

　下川町において初冬まき春小麦が初めて導入されたのは、地元農業改良普及センターが試験栽培を開始した2001年であった。当時、普及センターは収量低下が著しくなった秋小麦に代わる新作目を模索していたが、その有力候補に初冬まき小麦を選定したのである。

　選定理由は明快であり、①播種期が11月上旬であるため、園芸部門との作業競合が発生しないこと、②秋小麦と異なり連作障害がないと認識されていること、③少なくとも4俵（240kg）以上の単収が期待できること、の3点である。

　試験栽培に協力したのは後に初代組合長となるA農家である。A農家のように最初から積極的に取り組む存在はまだ少数派であったが、試験栽培を続けた結果、毎年コンスタントに4俵（240kg）以上の収量が得られることが判明すると状況は一変する。栽培希望が急増し、初冬まき生産組合が設立される直前の2005年産では、18戸・69haまで作付けが拡大していた[6]。組合の設立総会は2005年10月であるが、28名の作付予定者が結集し、初冬まき春小麦の生産者すべてを網羅するかたちで組織が設立されたのである。なお、規約には明記されていないが、組織の事務局は実質的に農協支所に置かれている。

55

第Ⅰ部 道南農業の転換－集約化と土地利用型農業の再編

2） 構成員農家の性格

　表3-3は2010年に春小麦（すべて初冬まき）とソバを作付けている生産者の明細をもとに（農協提供資料）、「春小麦＋ソバ」の作付面積階層ごとに生産者の性格を見ようとしたものである。表に示すように、作付面積に注目し4区分している。最大階層は「春小麦＋ソバ」のみで20～30haに達する。

　2010年に春小麦を作付けているのは25名、ソバを作付けているのは55名であり、全体としてはソバを作付けている生産者の方が多い。2作物の組み合わせで見ると、春小麦のみは18名（全体73名のうち25％）、ソバのみは48名（同66％）、春小麦とソバを両方作付けているのは7名（同10％）である。ここでもソバのみの生産者が多数を占めている。

　表示した作付面積階層別に見ると、ソバのみの生産者は小規模層にかたよっており、最も多いのは1～3haの25名、3～5haを合わせると38名と全体の8割に達する。対照的に、春小麦のみの生産者は3～5ha及び5～10haに厚く、10ha以上の作付階層はすべて春小麦を生産している。ソバ生産者と春小麦生産者の間には明らかな階層性が見られる。また、認定農業者は73名中40名であるが、ソバのみの生産者は48名中15名に留まるのに対し、

表3-3　作付面積階層別の生産者の性格（2010年）

（単位：生産者数）

作付面積階層		ソバのみ	春小麦のみ	そば＋春小麦	合　計
Ⅰ	20～30ha	－	1（1）	1（1）	2（2）
	10～20ha	－	2（2）	1（1）	3（3）
Ⅱ	5～10ha	3（－）	7（7）	2（2）	12（9）
Ⅲ	3～5ha	13（4）	6（6）	－	19（10）
Ⅳ	1～3ha	25（8）	2（2）	3（3）	30（13）
	1ha未満	7（3）	－	－	7（3）
合　計		48（15）	18（18）	7（7）	73（40）

資料：農協提供資料によって作成。
註1）カッコ内は認定農業者数であり、内数。

56

第3章　農協コントラクター事業と農作業受託組織の連携による土地利用部門の再構築

春小麦生産者すべて認定農業者である。春小麦生産者の専業的な性格を見て取ることができる。

３）組合活動の概要

　表3-4に示したように、組合が設立された2005年の組合員は28戸であった。2007年に１戸増加し29戸となるが、経営安定対策がスタートした直後の2008年に規模要件を満たせなかった６戸が離農を前提に脱退したため、組合員は減少し23戸となった。続く2009年、2010年、2011年にそれぞれ１戸の加入があり、直近の2011年の組合員は26戸となっている。

　組合が行っている作業は2006 ～ 08年産は播種・施肥の２作業、2009年産からは収穫を加えた３作業となっている。このうち施肥は個別で行うケースが少なからずあり、３作業のなかで最も実績が少ない。播種及び収穫作業は安定した推移を示しているが、大規模農家を中心に個別で機械装備を行っている農家もあり、その数は直近の2011年産の播種作業では３戸、2010年産の収穫作業では２戸となっている。

　直近の作業実績について述べておくと、まず、2011年産の播種作業は、組合播種が110.4ha（うち再委託が22.4ha）、個人播種が65.0ha（うち個人間の

表 3-4　下川町春小麦初冬まき生産組合の作業実績の推移

年産	組合員戸　数	播種面積(ha)	施肥面積(ha)	収穫面積(ha)	単収(kg/10a)	品　種
2006	28	85.0	58.1	-	160	春よ恋
2007	29	87.3	67.4	-	360	ハルユタカ
2008	23	79.2	39.9	-	440	ハルユタカ
2009	24	93.0	48.0	91.5	365	ハルユタカ
2010	25	102.1	62.3	103.7	221	ハルユタカ
					312	ハルキラリ
2011	26	110.4	＊	＊	＊	

資料：農協提供資料により作成。
註１）「-」は組合としての実績なし，「＊」は調査時点でデータ未確定。
註２）実績には組合から個人農家への再委託を含む。

第Ⅰ部　道南農業の転換－集約化と土地利用型農業の再編

受委託が8.5ha）であり、組合は全体（175.3ha）の63％を占めている。また、2010年産の収穫作業は、組合収穫が103.7ha（うち再委託が12.2ha）、個人収穫が36.9ha、農協受託が23.2haであり、全体（161.0ha）の64％を組合がカバーしている。

　組合が保有している機械は、まず2005年の設立時に導入したクローラトラクタ（40ps）２台、専用播種機２台であり、播種作業は２セットを装備している。翌年の2006年に施肥作業を行うためブロードキャスタ１台を追加導入し。2009年に大型コンバイン１台を導入した。いずれも補助事業を活用した導入であり、クローラトラクタ、播種機、ブロードキャスタには中山間事業、コンバインは町の３分の１補助を受けている。播種作業は園芸部門と競合しないため、オペレータは組合員のなかから４名配置されているが、収穫作業のオペレータの確保には苦労している。直近の2010年産の収穫作業では、農協コントラクターのオペレータを務める農産課長（前出）と、町内の稲作農家子弟にオペレータを依頼することで対処している。

４）構成員農家の実態

　以下では、いずれも上名寄地区に属する平均規模層（No.1）、平均以上層（No.2）、大規模層（No.3）の３事例を取り上げ、構成員農家の実態に触れておくこととしたい。事例農家はいずれも初冬まき組合の役員農家であり、先の**表3-3**に示したⅠ・Ⅱ・Ⅲ階層からそれぞれ選定した。いずれも専業農家である。調査は2010年に実施した。

（1）平均規模層

　No.1は経営主（53才）、妻（53才）、母（83才）の３名が農業に従事している。経営主は26年間、電気関係の仕事に従事した兼業農家という経歴をもっている。後継者は長男であるが、農業系の大学２年生であり、卒業後就農を予定している。母が高齢であるため2011年から中国人研修生を受け入れる予定である。また、現在の雇用労働力は繁忙期に離農した叔父夫婦を雇用して

58

第3章　農協コントラクター事業と農作業受託組織の連携による土地利用部門の再構築

いる程度である。

　経営耕地面積は6 haであり、借地はないが、6～7年前に2.2haを購入している。相手は後継者不在のため離農した親戚の農家であり、現在も在宅である。作付けは春小麦4.3ha、アスパラ1 haの他、施設野菜で12棟（1,600坪）のハウスを保有し、キヌサヤ（500坪）、小ネギ（500坪）、Ｆトマト（300坪）、加工用トマト（300坪）の「施設4品目」を栽培している。Ｆトマトは2010年から開始し、町内に設置された農協選果施設の稼働（2009年6月）に合わせたものである。以前は露地キヌサヤを作付けしていたが、収穫時期が7月であり、Ｆトマトと競合するため中止した。

　今後の意向は、後継者の就農をまって施設野菜を拡大したいとしている。また、小ネギに病害（先枯れ）が発生しているため、それに代わる品目としてニンニクの試作を2010年から開始している。

（2）平均以上層

　No.2は経営主（42才）、妻（42才）、父（69才）、母（66才）の4名が農業に従事する二世代経営である。経営主は農業関係の研究職という職歴をもつが、2006年に勤務先を退職し、Ｕターン就農している。雇用労働力は利用していない。

　経営耕地面積は12.9haであり、作付けは春小麦5.7ha、そば2.1ha、牧草2.7ha、緑肥1.4ha、施設野菜が計1 haである。春小麦とソバの両方を作付けている「少数派」であるが、緑肥を加えた3作物での輪作体系を構想しているという。牧草は親戚の酪農家に提供されている。

　施設野菜は15棟（2,040坪）のハウスを保有し、小ネギ（のべ71 a）、ハウスキヌサヤ（10 a）、加工用トマト（5 a）の「施設3品目」を栽培している。

　Ｕターン直後から農地を取得する機会があり、現在の規模に達している。2007年に2戸の農家から計6.1haの転作田を借り入れたが、いずれも翌年の2008年に農地保有合理化事業を活用して取得することになった。買取は2012

第Ⅰ部　道南農業の転換－集約化と土地利用型農業の再編

年11月を予定している。農地取得により転作面積が拡大し、「大畑（おおばたけ）をどう処理するか」が課題となったが、そのためには春小麦を作付けを継続するしかないと考えている。

（3）大規模層

　No.3は経営主（61才）、妻（59才）、婿（38才）、娘（38才）の４名が農業に従事する二世代経営である。経営主は1998年まで兼業（運送業）に従事していた経歴をもつ。施設園芸の導入は1993年だというが、雇用労働力の利用が前提であり、40 ～ 60才代の女性パート３名を雇用している。この他に、中国人研修生を2001年から受け入れている（２名）。

　経営耕地面積は48.3haであり、地域の中でも突出している。水稲の作付けがあり、もち米が18.8ha、転作も春小麦25.1haと大きく、露地野菜もアスパラ（2.5ha）、キヌサヤ（0.5ha）、スナップエンドウ（0.5ha）の３品目を栽培している。施設園芸は24棟（計3,700坪）のハウスを保有しており、小ネギ（2,500坪）、キヌサヤ（450坪）、スナップエンドウ（450坪）、アスパラ（300坪）の４品目を栽培している。家族労働力にも恵まれているが、雇用・研修生にも依存した大規模複合経営である。

　農地移動に関しては、借地が12.6haであり、５名から借り入れている。開始年次は1975年頃が１件、1995年が１件、2008年以降に毎年１件ずつとなっており、古くからの借地と最近の借地が混在している。

　春小麦生産はすべて自家で対応しており、専用播種機も個人で装備している（収穫は米麦兼用）。春小麦生産でも突出して規模が大きいため、組合に委託しても対応しきれないと考えている。逆に、組合がオーバーフローした分の「再委託」を請け負うこともある（2009年は収穫4.7ha、2010年は播種0.4ha）。ただし、自家面積も大きいためこの程度に留めたいとしている。特に収穫作業は限界に近いという。

第3章　農協コントラクター事業と農作業受託組織の連携による土地利用部門の再構築

（4）構成員農家の特徴

　以上の３事例にもとづいて、構成員農家の性格にかかわってふたつの特徴を指摘しておきたい。

　ひとつは、No.1・No.3は兼業の中止による専業化、No.2は勤務先を退職したUターン就農者であり、いずれも野菜作を基幹として専業自立化を図った経営であることである。事例地域における野菜振興はまさにこうしたかたちで農業の「担い手」を創出したのであり、これは実態調査からあらためて確認することができた。

　もうひとつは、こうした野菜作基幹経営においても農地集積が進んでいることである。主な供給源は後継者不在を理由とする離農者からの転作田の供給であるが、農地集積に伴う転作拡大への対応が、個別経営レベルで見ても初冬まき春小麦生産に取り組む背景となっている。また、前述した「下川方式」の農協コントラクター事業の下では個々の農家は転作関連の機械を保有しておらず、初冬まき組合のような組織的対応を基本とすることは当然の成り行きであったと言える。

第4節　小括

　最後に、下川町における土地利用部門の担い手形成に関わる条件を整理し述べておきたい。

　第1に、1990年代以降の施設園芸振興によって一定数の専業的な担い手が確保されるようになり、それが土地利用部門を担う生産者組織の中核メンバーになっていることである。

　第2に、農地流動化の進展によってこれら担い手農家への農地集積が進んでおり、依然として転作助成に支えられている面があるとはいえ、土地利用部門の合理化を志向する機運と必然性が担い手農家の中に醸成されてきたことである。

　第3に、初冬まき春小麦生産はメインクロップである施設園芸部門との補

61

第Ⅰ部　道南農業の転換−集約化と土地利用型農業の再編

合関係を有していることである。少なくとも播種作業についてはそうなっている。また、事例地域の転作利用は「下川方式」のもとで作付けが単純化しており、畑輪作を組み立てるだけのポテンシャルがない。この面でも連作が可能な初冬まき春小麦は地域にとって適合的な作目になっていると言えよう。

事例地域における土地利用部門の維持・再構築は初冬まき組合による組織的対応というかたちで具体化しているが、それは、①これまでの野菜振興を通じて農業の担い手を確保してきた努力の延長線上にあり、②個々の経営がそれぞれのスタイルで現在の農業構造変動を受け止め、また、受け止めてきた結果生まれてきた農業者の自発的取り組みであり、③新規作物の導入・定着を通じて地域農業に新しい土地利用の「定型」をつくりだしていこうとする創造的な運動だと言えよう。

ただし、農協広域合併を契機として収穫作業が生産者組織に委ねられるようになった現時点では、メインクロップ（施設野菜）との間に生じる鋭い競合関係への対応を避けて通ることはできない。抜本的な解決策を講じることは難しいが、農協のバックアップやオペレータ雇用、さらには二世代経営の後継者層にあたる若手オペレータの育成などを通じて問題の緩和に努めることが引き続き必要であろう。

また、「下川方式」は完全に解消されたわけではなく、地域の転作利用者のなかではむしろ多数派であるソバ生産者の作業受託は継続している。生産者組織の活動（春小麦）と農協コントラクター事業によるサポート（ソバ）のミックスが、地域全体の土地利用部門を維持する基本線であることは今後も変わらないであろう。

注記
1）井上［7］を参照のこと。
2）下川町農協は2003年5月に隣接する美深町農協及び中川町農協と合併しており、現在は広域合併農協であるJA北はるかとなっている。
3）道北青果連は名寄市、知恵文、風連町、下川町の4農協が野菜の広域共販を目的に設立した広域連である。

第3章　農協コントラクター事業と農作業受託組織の連携による土地利用部門の再構築

４）坂下［40］を参照のこと。
５）助成額はハウス建設費の３分の２、１棟当たり上限170万円となっている。な
　　お、この支援制度は2010年度まで実施されたが、2011年度以降はリース方式
　　に変更される予定である。
６）下川町春小麦初冬まき生産組合「設立総会議案」（2005年10月29日）による。

第4章

大規模個別経営と農業振興公社支援による
土地利用部門の再構築

第1節　本章の課題

　厚沢部町は、かつての良質米地帯から[1)]減反政策以降、露地野菜の導入を進め、農協主導による産地形成により複合農業が展開されてきた。この野菜作の展開には、有限会社厚沢部町農業振興公社の役割が大きく、公社事業によって作業委託農家の労働力の軽減が実現され、野菜作が大きく進展した。

　しかしながら、産地形成・複合農業の展開は一定の農業自立経営を生み出したが、他方で小規模層の滞留構造も維持された。今日、この層において高齢化が進展し離農が進み、それを代替するかたちで田畑作型の大規模経営が形成されつつある。畑作主流の地区においては、50ha超の土地利用型・大規模経営が展開するようになっている。大規模経営は、土地利用型農業をカバーする役割として、さらには地域の農地維持を図る上で欠かせない存在となっている。以下では、このような大規模経営の展開を支えている諸条件を明らかにする。

第2節　厚沢部町農業の展開と特徴

　厚沢部町は、渡島半島のほぼ中央に位置し、檜山支庁管内に位置する山間の町である。周知のように道南地域、特に檜山支庁管内の町村は江戸時代から入植が進み、北海道の中で最も古い開拓の歴史があり、厚沢部町も松前藩政期からの歴史を色濃く残す町である。

　本町の基幹産業は農業である。周辺の町村は、漁業と農業が混在しているのに対し、本町は内陸部にあることから農業のみとなっており、北海道農産

65

第Ⅰ部　道南農業の転換－集約化と土地利用型農業の再編

物の代表格とも言える馬鈴薯は、1934年に厚沢部町で試作が始まったことから「メークイン発祥の地」と呼び親しまれている。

　農業の基盤を成す農地は、厚沢部川と安野呂川、鶉川など大きな支流沿いにひらけ、道南の中では農業基盤に恵まれた地域である。

　厚沢部町は３つの農業地区（鶉地区・舘地区・下地区）に区分することができ、その特徴は、鶉川上流の鶉地区は中規模の水田畑作複合経営が展開している。厚沢部川上流の館地区は、50ha以上の大規模水田畑作複合経営が展開している。対照的に下流部に位置する下地区は、中小規模の水田作経営が展開しており、上流部に進むほど畑地のウエイトが高くなっている。

　厚沢部町の農業構造に関しては、労働力支援組織による集約作物振興と土地利用に関する井上による詳細な研究分析がある[2]。以下では、この分析に依拠しながら、事例地厚沢部町農業の特徴について見ていくこととしたい。

1）土地利用の状況

　厚沢部町の土地利用の状況について、**表4-1**で周辺町村と比較しながらみていくこととする。まず、厚沢部町は檜山南部地域における最大の農業地域である。経営耕地面積は3,478haと周辺町村と比較し群を抜いて大きくなっており、１経営体当たりの経営耕地面積は11.4haと周辺町村を大きく引き離している。

　次に注目するのは、畑地のウエイトの高さである。周辺町村と比較しても一定の規模で、しかも高い割合で畑地が存在するのは檜山南部で厚沢部町のみである。町内３つの農業地区でみると、鶉地区と館地区の２地区において普通畑のウエイトが50％前後と高く、なおかつ１経営体当たりの経営耕地面積が15ha前後と大きくなっている。一方、下流部に位置する下地区は、田のウエイトの高さにみるように稲作を基幹としており、１経営体当たりの経営耕地面積も5.4haと相対的に小さい。鶉地区と館地区のウェイトの高さは、一部の地区に国営開拓パイロット事業が導入され、開畑が進められたことと関係している[3]。

66

第4章　大規模個別経営と農業振興公社支援による土地利用部門の再構築

表4-1　厚沢部町における土地利用の状況（2010年）

| | 農家数（戸） | | | | 経営耕地面積（ha、%） | | | | | |
	経営体数	田経営体数	稲作付	畑経営体数	計	1戸当	田	稲作付	転作	普通畑
厚沢部	304	277	153	244	3,478	11.4	1,826	504	1,269	1,646
							(52.5)	(27.6)	(69.5)	(47.3)
下地区	118	105	70	90	636	5.4	499	238	208	174
							(78.5)	(47.7)	(41.7)	(27.4)
鶉地区	91	83	24	77	1,272	14.0	571	53	494	702
							(44.9)	(9.3)	(86.5)	(55.2)
舘地区	95	89	59	77	1,571	16.5	796	214	569	770
							(50.6)	(26.9)	(71.5)	(49.0)
江差	131	127	90	75	1,016	7.8	763	291	434	189
上ノ国	90	109	76	90	582	6.5	464	241	203	112
乙部	88	65	27	88	503	5.7	237	100	116	261

資料：農林業経営体調査結果報告書（2010年センサス）及び厚沢部町役場提供資料より作成。
註1）経営耕地面積欄の「田」と「普通畑」のカッコ内の数値は経営耕地面積合計に占める割合を「稲作付」と「転作」のカッコ内の数値は田に占める割合をそれぞれ示した。
註2）下地区・鶉地区・舘地区の数値は、厚沢部町役場提供資料（農業集落データ2010年）より作成。

2）農家数と経営規模階層別農家数の推移

　次に農家数と経営規模階層別農家構成の推移をみていく。**表4-2**は、厚沢部町における1970年以降の総農家数ならびに販売農家および経営体の経営面積規模別戸数を示したものである。総農家数は一貫して減少傾向にあり、2010年（304経営体）は1985年対比で3分の1の水準にある。この動きは小規模農家の離農に大きな要因があると考えられるが、2010年の階層別農家構成を2005年対比でみると、20ha以下の全ての階層で農家数の減少がみられる。増加しているのは20ha以上のみである。

　先行の分析、井上［6］においても、「厚沢部町の農家は15ha前後を境として両極分解の様相をみせている」とのことであったが、この状況は20ha層へと上昇し、より拡張されたものとなっているのが現状といえる[4]。

　また、先に見た土地利用の状況と同じく、農家の階層構成も地区ごとに異なっており、30ha以上に着目すれば大規模農家群は、鶉地区と舘地区に集中している。

第Ⅰ部　道南農業の転換－集約化と土地利用型農業の再編

表4-2　厚沢部町における経営耕地面積規模別農家数の推移

（単位：戸）

	総農家数	自給的	販売農家	−1	1〜3	3〜5	5〜10	10〜20	20〜30	30〜50	50ha以上
1990	615	48	567	68	137	98	141	109	14		
1995	525	52	473	53	113	88	109	90	20		
2000	451	38	413	52	91	65	82	82	29	9	3
2005	400	45	355	59	68	46	67	64	25	16	10
2010	351	50	301	42	56	41	58	50	29	20	10
下地区	144	27	117	22	35	23	18	15	3		
鶉地区	100	9	91	11	9	12	16	12	16	12	1
舘地区	107	14	93	9	10	6	24	23	10	8	5

資料：農業センサス各年より作成。
註1）2010年の数値は、経営体数である。
註2）下地区・鶉地区・舘地区の数値は、厚沢部町役場提供資料（農業集落データ2010年）より作成。

3）作付作物の動向

　厚沢部町は、かつて田畑複合及び水稲作を基幹とする農家が多くを占めていた。しかし、1980年代後半からこれらの農家の作付動向に変化がみられるようになる。1980年代後半から、米や馬鈴薯に代表される既存作物の他に、収益性の高い集約作物が増大していく。こうした作付動向の変化の背景には、町の農業発展計画（『農に生きるパート1』）の策定がある。1980年代半ばの厚沢部町農業は、開拓パイロット事業によって農地面積が増加し、農家の規模拡大も進んでいたのであるが、水稲と畑作に過度に依存していたため、農産物価格の低迷によって農家負債が増大していた。従来の作目構成で規模拡大を今後も進めれば、負債と農家離農が増えてしまうことが懸念されていた。そのような状況を打開するため、町と農協は、農業発展計画で農家の所得目標を5年間で5割増しになるような野菜増産計画を策定し、推進した。本計画が実践段階に入ると、大根、キャベツ、ニンジンなど野菜の作付が急激に増加していくこととなる。この点については、**図4-1**、**図4-2**に示したように米、畑作3品（小麦、豆、てん菜）、馬鈴薯が停滞あるいは横這いで推移していく中で、野菜のみが1984年から1992年にかけ増加していることから確認できる。

　しかし、1990年代後半から野菜の作付は減少していく。特に落ち込みが大

第4章　大規模個別経営と農業振興公社支援による土地利用部門の再構築

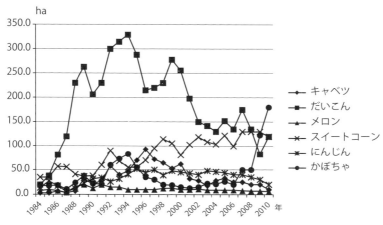

図4-1　厚沢部町における野菜作付面積の推移

資料：農協提供資料より作成。
註1）図中の野菜6品目は、厚沢部町において作付されている野菜のうち、主要なものを抽出した。

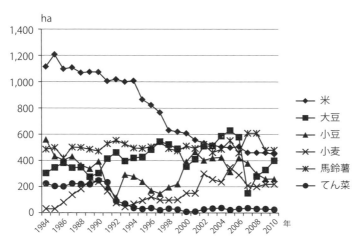

図4-2　厚沢部町における土地利用型作物の作付面積推移

資料：農協提供資料より作成。

69

第Ⅰ部　道南農業の転換－集約化と土地利用型農業の再編

きいのは大根、ニンジンである。大根は連作の影響から品質の劣化が激しくなり、産地間競争激下において減少していった。この状況を重く受け止めた農協・部会は2009年から出荷システムを変え品質の向上を図るが、以前のような価格で販売できる状況ではなく、結果として生産者、面積、出荷量ともにかつてのレベルに戻ってはいない。ニンジンについては、馬鈴薯と作付時期が競合する上に、最近は中国産輸入増加の影響で価格が下落、それにともない生産戸数が減少している状況である。大根、ニンジンが減少する中で、作付面積を増やしているのがカボチャである。カボチャは、他の野菜よりも手間をそれほど要さず、また価格も安定していることから増加傾向にある。

　野菜以外の畑作物については、大豆、馬鈴薯のシストセンチュウ被害が深刻化している。これは、輪作体系が維持できていないためであり、後にみる一部の大規模農家においては、所得補償の対象となっている小麦の本格的な導入を進め、輪作体系の確立に取組みつつある。

４）農協広域合併と野菜産地への影響

　厚沢部町農協は2002年２月に道南12農協と合併（対等合併）し、新はこだて農協厚沢部基幹支店となった。この合併に伴い、これまで旧厚沢部農協で取り組まれてきた産地形成に大きな変化が生じることとなる。それは、新はこだて農協の経営方針が、それまでの旧厚沢部町農協の農協主導の産地形成から、生産者主導の産地形成へと変化したからである。

　旧厚沢部町農協が農協主導（実質的には職員主導）の産地形成を推進した背景には、厚沢部町の複雑な農業構造が挙げられる。1975年には、１～３haが主流階層で、５ha未満層が80％を占める典型的な府県型の農業構造であった。いわば北海道の「内地」といわれていた厚沢部町は、その後階層分化を遂げ、2010年には５～10ha層と10～20ha層がそれぞれ19.1％、16.4％と主流階層を占め、20ha以上層は19.4％も占めるに至ったが、それでも５ha未満層は45.1％も残存している。このことは、北海道的特徴を持つ大規模稲作農家や畑作農家が出現し、府県的特徴を持つ小規模な水田を軸とした集約

的な野菜作専業農家も出現する一方で、零細な兼業農家や高齢専業農家が分厚く残存していることを物語っている。このような状況下では、作目別生産組合の構成員の性格は、慣行の作物別生産組合や振興会のまとまりはある程度期待し得ても、新しい集約作目とりわけ野菜や花きの生産部会では期待できなかった。したがって、厚沢部町農協では、職員が先頭に立つ農協主導型産地形成に踏み切ったのである。

　ところが厚沢部町農協が新はこだて農協に合併した結果、農協の経営方針が生産組合主導型に転換し、共選施設が厚沢部基幹支店の独立採算制となり、共選利用料算定基準が変更されたため、共選品目の扱い高の減少に伴って共選利用料が高騰することとなった。この共選利用料の高騰は、前述の共選品目の作付減少や作付中止を招いた背景の一つでもある。

第3節　労働力支援組織の展開過程

　以上みてきたように、厚沢部町では農業発展計画策定以降、急速に野菜の作付が増大していくことになるのであるが、こうした野菜作の増大背景には、農作業を請け負う有限会社厚沢部町振興公社の存在がある。以下では、農業公社設立の背景と公社の事業内容についてみていくこととしたい。

1）公社の概要（設立目的）

　厚沢部町では、1980年代後半から進められた集約作物の導入によって、農業生産額が伸張し、農家の所得を向上させることに成功した。

　しかし、農家所得の向上に大きな効果を与えた一方で、以下のような課題が浮き彫りになった。ひとつは、野菜と既存の作物、特に水稲との間に労働競合が発生し、水稲防除・乾燥調製などの共同利用組織の運営に支障を及ぼすことになってしまったことである。もうひとつは、確かに野菜作の拡大は所得の向上をもたらしたが、同時に投下労働時間の増加をもたらし、農村生活全般に「時間のゆとり」が無くなってしまったことである。

71

第Ⅰ部　道南農業の転換－集約化と土地利用型農業の再編

　この状況を深く受け止めた町と農協は、新たな農業発展計画『農に生きるパート2』の策定過程において、農家の労働負担を軽減させるための支援組織の設立が不可欠であると考えた。そして、1992年4月に厚沢部町が厚沢部町農業活性化センターを設立、翌年の5月には、町・JA厚沢部町（現JA新はこだて厚沢部基幹支店）がそれぞれ1,000万出資し、「有限会社厚沢部町農業振興公社」を農業活性化センターに併設した。会社法が適用される有限会社を選択した理由は、公社であっても「営業努力をするべき」との考えが根底にあったからである。

2）公社の地域農業支援システム

　公社では労力支援として農作業の受託を行っている。水稲防除は無人ヘリ3機によって、年3回を基準として実施している。また、野菜の育種苗期間は生産者にとって作業が集中する時期であり、公社が代わって苗を仕立て供給している。さらに、ロータリー・プラウ耕、土づくりのための堆肥散布や土壌改良剤の散布を請け負っている。以下で、作業受託の内訳をみていく。
　作業受託は、①ラジコンヘリ防除、②小麦・ニンジン・大根の播種、③大根収穫、深耕ロータリー、④トレンチャー（長芋、長ゴボウ栽培の深耕）、⑤堆肥散布、⑥耕起、⑦ハウス除雪、⑧融雪剤散布、⑨サブソイラー、⑩その他であり、これらの作業は基本的に7名の公社職員（長期臨時職員を含む）で実施されているが、ラジコンヘリによる防除作業を行う繁忙期には、2〜10名を随時地元雇用している。
　受託実績は**表4-3**に示したように、緩やかではあるが増加傾向にあるといえる。2010年の利用率をみると、委託農家の実戸数が254戸、正組合員戸数が276戸であり、利用率は92.0％と非常に高い状況にある。
　作業料金については、農業委員会で作成している協定料金に則して設定し、受託量に応じて徴収する仕組みがとられているが、町内農家と町外農家との料金には差が設けられている。例えば、ラジコンヘリによる水稲病害虫防除でみると、10a当たり1回の散布が町内では950円、町外では970円。トレン

72

第4章　大規模個別経営と農業振興公社支援による土地利用部門の再構築

表4-3　農業振興公社の受託事業実績動向

年	延べ戸数(戸)	実戸数(戸)	正組合員(戸)	利用率（%）
1993	362	197	483	40.8
1994	896	299	453	66.0
1995	1,026	285	453	62.9
1996	1,186	292	430	67.9
1997	1,781	308	413	74.6
1998	1,629	282	391	72.1
1999	1,785	277	376	73.7
2000	1,781	262	366	71.6
2001	1,692	279	341	81.8
2002	1,692	262	328	79.9
2003	1,446	279	317	88.0
2004	1,414	272	313	86.9
2005	2,018	263	312	84.3
2006	1,834	279	328	85.1
2007	1,652	248	297	83.5
2008	1,569	249	288	86.5
2009	1,614	243	285	85.3
2010	1,781	254	276	92.0

資料：厚沢部町農業振興公社提供資料より作成。
註１）利用率は、実戸数（戸）/JA 正組合員(戸)である。

チャーでは、町内10,000円、町外12,000円となっている。公社では受託事業
のほか、農業活性化センター（試験研究）と連携して、土壌分析診断、新品
種試験、栽培技術の検討を行っている。近年檜山支庁管内では、新規作物で
あるブロッコリー生産に取り組む農家が増加し、厚沢部町においてもその動
きが強まりつつある。公社も、農業活性化センターと連携をとってブロッコ
リーの試験栽培を進め、苗の供給を公社が自ら行っている[5]。

３）公社受託事業の変化

　公社の受託事業実績の推移をみてみよう（**表4-4**）。低下傾向を示してい
るのは人参播種、大根播種、大根収穫といった野菜関連の作業である。厚沢
部町における野菜作付面積の推移でみたように、大根の作付面積は減少して
おり、とりわけ2007年からの落ち込みが激しくなっている。面積が縮小した
作物に係る苗供給も激減している。一方、実績が増加傾向を示しているのは
小麦播種である。小麦播種は2002年から導入されているが、それ以降ゆるや

表 4-4　厚沢部町農業振興公社における主要受託作業の実績の推移

年次		1995	2000	2005	2006	2007	2008	2009	2010
ラジコンヘリ防除（米）	延べ受託戸数	464	587	1,170	892	788	710	678	676
	基幹防除1回当受託戸数（a）	132	153	270	167	157	150	141	135
	受託実績（a）	160,454	114,264	291,548	167,541	157,051	138,002	134,983	133,981
ラジコンヘリ防除（秋小麦）	延べ受託戸数	—	21	7	3	—	—	2	—
	防除回数	—	5	4	3	—	—	2	—
	防除1回当受託戸数（a）	—	4	2	1	—	—	1	—
	受託実績（a）	—	11,010	3,221	600	—	—	2,720	—
ラジコンヘリ防除（秋小麦防除）	実受託戸数	—	22	8	9	5	9	9	4
	受託実績（a）	—	10,069	5,717	2,711	1,651	3,213	3,622	1,853
小麦播種	延べ受託戸数	—	23	44	39	44	78	87	97
	受託実績（a）	—	7,814	28,543	25,153	25,773	24,196	26,902	27,900
にんじん播種	延べ受託戸数	27	15	15	21	27	17	11	7
	実受託戸数	—	—	—	11	12	10	8	6
	受託実績（a）	1,050	1,160	1,160	885	937	760	575	310
だいこん播種	延べ受託戸数	84	24	24	45	61	32	26	24
	実受託戸数	—	—	—	11	15	8	12	10
	受託実績（a）	3,228	2,013	2,013	2,632	2,956	1,380	807	844
だいこん収穫	延べ受託戸数	372	217	217	165	201	125	51	18
	実受託戸数	—	—	—	23	21	11	12	7
	受託実績（a）	10,074	6,208	6,208	5,803	5,782	3,666	1,474	525
米乾燥・調整	延べ受託戸数	28	34	8	15	15	15	—	—
	実受託戸数	—	—	—	9	9	9	—	—
	受託実績（俵）	4,634	2,819	1,167	1,232	886	1,294	—	—
深耕	延べ受託戸数	20	21	21	12	12	20	14	20
	実受託戸数	—	—	—	12	12	15	10	16
	受託実績（a）	435	620	620	703	227	90	87	87
トレンチャー	延べ受託戸数	15	24	24	30	29	21	26	18
	実受託戸数	—	—	—	23	23	21	21	17
	受託実績（hrm）	36	77	77	50	78	50	44	34

第4章　大規模個別経営と農業振興公社支援による土地利用部門の再構築

区分	項目								
耕起	延べ受託戸数	144	105	109	129	137	75	75	34
	実受託戸数	49	45	54	65	52			
	受託実績（a）	18,925	17,750	17,300	20,605	28,575	33,212	33,212	16,667
心土破砕	延べ受託戸数	73	52	60	81	92	86	86	101
	実受託戸数	54	39	51	64	87			
	受託実績（hrm）	139	96	126	145	250	282	282	256
堆肥散布	延べ受託戸数	47	64	55	68	73	61	61	56
	実受託戸数	35	44	38	47	53			
	受託実績（a）	9,690	12,980	12,170	13,362	11,294	17,253	17,253	8,275
ハウス除雪	延べ受託戸数	384	194	50	25	75	76	76	57
	実受託戸数	73	58	50	16	75			
	受託実績（hrm）	406	168	161	16	360	332	332	170
融雪剤散布	延べ受託戸数	44	25	22	2	96	68	68	39
	実受託戸数	33	20	20	2	68			
	受託実績（a）	15,984	7,355	1,516	520	28,735	31,878	31,878	12,180
キャベツ苗供給	町内供給戸数	15	11	13	22	17	10	34	28
	町外供給戸数	3	–	1	1	3			
	町内供給枚数	4,500	5,511	7,343	8,649	7,492	6,489	15,237	11,874
	町外供給枚数	12	–	40	40	2,458	2,588		
アスパラガス苗供給	町内供給戸数	18	20	19	11	3	10	–	–
	町外供給戸数	14	6	5	2	7	12	–	–
	町内供給本数	19,826	9,854	24,206	4,124	4,682	10,352	–	–
	町外供給本数	17,335	6,834	7,302	3,910	6,834	15,775	–	–
ブロッコリー苗供給	町内供給戸数	38	40	38	7	–	–	–	–
	町外供給戸数	22	22	25	8	5	5	–	–
	町内供給枚数	12,907	13,140	11,873	722	–	–	–	–
	町外供給枚数	10,099	10,300	9,658	4,330	2,498	1,515	–	–

註1）　厚沢部町農業振興公社提供資料をもとに作成した。
註2）　「－」は実績なし、空欄は資料なしを示す。
註3）　「ラジコンヘリ防除（米）」の基幹防除とは委託農家のほぼ全ての稲作付水田を対象に作業を行うもので、その回数は2007年以前2回、2008年以降3回であった。なお「基幹防除1回当受託戸数」の小数点以下は四捨五入した。
註4）　2000年における「ラジコンヘリ防除（秋小麦）」の回数はヨトウ虫駆除を行った2回分を含む。同「防除1回当受託戸数」の小数点以下は四捨五入した。
註5）　「米乾燥・調整」の2000年以降の「受託実績」は資料なし。表示した実績は「各年の受託金額÷受託単価(1俵当1500円)」の数式を用いて算出したものである。

第Ⅰ部　道南農業の転換−集約化と土地利用型農業の再編

かな上昇を示している。小麦播種の受託が増加しているのは、畑作農家において輪作体系の確立が課題となる中で、小麦を導入する動きが強まりつつあることを反映していると考えられる。つまり、後にみる大規模個別経営において小麦の作付が拡大しているのであるが、公社事業の展開が大規模農家支援の意味合いを持っているものと考えられる。

　また、地区別に公社作業受託実績をみると（**表4-5**）、3地区で公社利用の状況が異なっていることがわかる。水田地区である下地区では、稲作に関する作業のウエイトが非常に高くなっており、ラジコン防除が67.5％を占める。鶉・館地区は、畑作のウエイトの高さを反映し、それに関わる作業割合が高くなっている。特に鶉地区では、小麦播種のウェイトが12.6％と高い。さらに、注目すべきは畑作地区での公社利用の高さである。館地区でみると、全ての農家において何らかの形で公社を利用しており、畑作での規模拡大が進むにつれ公社利用が増加していることが窺える。

第4節　大規模個別経営の成立と類型

　これまでみてきたように、厚沢部町の農業は良質米地帯から出発し、農協主導の産地形成による複合農業を経て、今日では畑作主流の地区において50haの土地利用型・大規模経営が展開するようになっている。

　以下では、24戸の農家実態調査から大規模経営の実態とその展開を支えている条件についてみていくこととする。

1）農家実態調査からの農家類型

　実態調査では、町内の下地区・鶉地区・館地区にわたる24戸の農家訪問調査を実施した。調査農家の概要は**表4-6**に示す通りである。

　まず、調査農家の経営形態は水稲単作農家が1戸、田畑作農家が11戸、畑作農家が12戸である。水稲単作を除く23戸のうち、22戸が何らかのかたちで野菜を導入している。また肉牛を導入している農家も2戸あり、複合化の進

76

第4章　大規模個別経営と農業振興公社支援による土地利用部門の再構築

表4-5　地区別にみた公社受託作業実績（2010年）

（単位：上段円、下段%）

	下地区	鶉地区	館地区
農協正組合員数	82	84	96
利用実戸数	88	68	96
ラジコン防除	9,261,579 67.5	3,195,441 23.5	5,732,247 19.2
小麦播種	67,332 0.5	1,714,129 12.6	1,851,153 6.2
耕起	66,985 4.9	1,428,475 10.5	2,679,182 9.0
堆肥散布	350,700 2.6	1,074,150 7.9	1,782,900 6.0
畔塗り	0 0.0	41,213 0.3	15,960 0.1
人参播種	0 0.0	145,950 1.1	49,350 0.2
トレンチャー	170,625 1.2	159,600 1.2	11,550 0.0
ロータリ	367,500 2.7	54,600 0.4	10,500 0.0
ハウス除雪	14,700 0.1	264,600 1.9	37,100 1.1
融雪剤散布	23,100 0.2	462,000 3.4	367,500 1.2
大根播種	36,750 0.3	235,200 1.7	326,760 1.1
大根収穫	0 0.0	210,945 1.6	648,482 2.2
サブソイラー	502,693 3.7	541,557 4.0	804,489 2.7
苗	1,582,678 11.5	2,981,764 22.0	13,294,869 44.4
合計	13,716,929 100.0	13,583,625 100.0	29,917,426 100.0

資料：厚沢部町農業振興公社及び農協資料より作成。
註1）農協正組合員数は、2011年時点の数である。
註2）割合は、合計値に占める各各作業の割合である。
註3）下地区において、農協正組合員より利用実戸数が多いのは、正組以外の利用が多いためである。

第Ⅰ部　道南農業の転換－集約化と土地利用型農業の再編

表4-6　調査農家一覧（類型別）

類型	地区階層	No.	地区	世帯員	世代構成	主年齢	後継者	農従者	雇用	家族労働力	経営面積(ha)	水稲(ha)	生食馬鈴薯(ha)	種子馬鈴薯(ha)	秋小麦(ha)	春小麦(ha)
Ⅰ類	下地区	1	富栄	2	一世代	53	なし	2	1（季）	夫婦	7.7	6.6				
	下地区	3	上里	3	直系二世代	46	なし	3	3（季）	主＋父母	4.1	2.8	0.8			
	下地区	7	赤沼	3	直系二世代	41	未定	2	3（季）	夫婦	11.7	11.0				
Ⅱ類	下地区	5	稲見	2	一世代	64	未定	2	3（季）	夫婦	25.4	22.4				
	館地区	24	富里	4	直系三世代	57	あり	3	3(年).5(季)	夫婦＋後継者	27.1	20.0	1.5			
Ⅲ類	鶉地区	9	鶉	3	直系二世代	61	なし	3	3(季)	夫婦	21.0			5.0		
	鶉地区	11	相生	4	直系三世代	57	あり	3	0	夫婦＋後継者	21.0	0.8		4.0		
	鶉地区	14	相生	6	直系三世代	62	あり	3	6(季)	主＋後継者夫婦	25.3		8.0			
	鶉地区	20	南館町	5	直系二世代	58	あり	3	4(季)	夫婦＋後継者	30.0	2.4		5.6		
Ⅳ類	下地区	6	稲見	4	直系二世代	41	なし	4	1（季）	夫婦＋父母	7.2		1.5			
	鶉地区	12	相生	2	一世代	69	なし	2	7(季)	夫婦	14.0		3.3			
	館地区	16	当路	6	直系三世代	47	未定	3	0	夫婦、母	14.0		2.0	2.0	4.0	7.0
	館地区	22	中館	6	直系四世代	59	あり	3	0	夫婦＋後継者	8.1			1.8		
Ⅴ類	下地区	2	上里	2	一世代	57	なし	2	3（季）	夫婦	21.7	4.5	8.0			
	下地区	4	上里	3	直系二世代	56	なし	1	12(季)	主	14.0	4.5	4.0			
	館地区	21	中館	5	直系三世代	43	未定	3	0	夫婦＋父母	20.7	8.3	3.7		3.2	
Ⅵ類	鶉地区	8	木間内	8	直系四世代	48	未定	3	8(季)	夫婦、母	59.1	2.5	9.3		14.5	10.0
	鶉地区	10	鶉町	3	直系二世代	63	なし	2	3(季)	夫婦	51.9	4.0		5.6	8.1	12.0
	鶉地区	13	相生	5	直系二世代	65	あり	3	3(季)	夫婦＋後継者	63.2			5.6	6.0	20.0
	館地区	23	富里	4	直系二世代	46	未定	3	5(季).1(研)	夫婦＋父	56.0	16.0				
Ⅶ類	館地区	15	当路	3	直系二世代	44	あり	3	1（年）.3（季）	夫婦＋父	91.0		18.0		33.0	17.0
	館地区	17	当路	6	直系三世代	52	あり	3	7(季).1(研)	夫婦＋後継者	80.0		5.6			
	館地区	18	当路	7	直系三世代	59	あり	4	5(季).2(研)	夫婦＋長男＋次男	100			8.0		
	館地区	19	当路	5	直系三世代	59	あり	3	4(季)	夫婦＋後継者	75.0			6.0	20.0	

資料：実態調査より作成。

註1）後継者「未定」には「就学中」を含む。

展をあらわすものとなっている。

　水稲作農家の規模階層は、単作農家で22haの作付となっており、大規模な経営が展開されている。田畑作経営（11戸）では、最大が20ha（1戸）であり、10ha台が1戸、5ha～10haが2戸、5ha未満が7戸である。

　畑作農家の規模階層は、最大が100ha（1戸）であり、80ha～90haが2戸、60ha～70haが2戸、50ha台が3戸、20ha～30haが7戸、20ha未満8戸である。

　肉牛を導入している農家は、ホル雄350頭と210頭であり、ともに預託経営である。

　分析を行う上で、便宜上、調査農家24戸を**図4-3**に示したように、経営面

大豆 (ha)	小豆 (ha)	そば (ha)	大根 (ha)	かぼちゃ (ha)	その他（作物名・面積、単位：ha）
					アスパラ 0.1、花卉（リンドウ）0.8、えん麦 0.2
					露地長ネギ 0.24、ハウスアスパラ（2棟）、えん麦 1.2
					露地長ネギ 0.6、ハウスホウレンソウ 0.25、ハウス軟白ネギ 0.03
					貸付 3.0
1.7					ハウス長ネギ 0.9、花卉(リンドウ) 0.6、緑肥 4.0、肥育牛 210 頭
5.5	2.5		0.2	0.05	ブロッコリー0.15、トウモロコシ0.15、ハウスアスパラ0.03、休耕田 11.0
6.0				0.6	ブロッコリー4.0、キャベツ 1.0
4.0	4.0			6.0	ヤマゴボウ、緑肥 3.0
4.0	2.0			6.5	トウモロコシ 4.5、ヤマゴボウ 1.0
		0.3	1.0	2.0	ヤマゴボウ 0.3、アスパラ 0.4、貸付 1.7
				2.2	ヤマゴボウ 0.6、緑肥 0.3、貸出 7.9
2.0	1.0				
1.7				0.5	ブロッコリー1.7、ハウスアスパラ 0.84、露地メロン 0.7、トウモロコシ 0.3
			7.0		
					露地長ネギ 0.6
2.5	1.4			0.8	大麦 1.4、サツマイモ 0.5、ブロッコリー0.3、露地長ネギ 0.1、ハウスアスパラ(6棟)、緑肥 0.1
7.0	5.9	2.7		5.7	サツマイモ 0.5、山ごぼう 0.5、緑肥 0.6
10.7		3.2		3.5	テンサイ 4.1、サツマイモ 0.5
16.0	2.0			1.5	テンサイ 0.35、キャベツ 3.5
18.0	7.0		3.5	8.0	ブロッコリー4.0、キャベツ 2.0、ハウスアスパラ 1.3、サツマイモ 0.1
15.0	10.0				えん麦 2.0
13.0	10.0			12.0	テンサイ 3.0、露地アスパラ 3.0、キャベツ 2.0、ブロッコリー1.8、牧草 23.0、緑肥 6.0、肥育牛 350 頭
18.0	7.0		5.5	20.0	キャベツ 8.0、ブロッコリー4.0、トウモロコシ 4.0、緑肥 6.0、牧草 2.0
10.0	10.0		10.0	2.8	トウモロコシ 5.7、サツマイモ 0.1、牧草 7.0

積と転作・畑作面積割合から 7 つの営農類型に区分した。細かくは I 類（小規模複合）、Ⅱ類（水稲20ha超）、Ⅲ類（中規模イモ＋野菜）、Ⅳ類（小規模イモ＋野菜）、Ⅴ類（中規模米＋イモ＋野菜）、Ⅵ類（50ha ～ 70ha）、Ⅶ類（70ha以上）である。この類型を用いて各階層の整理を行うこととする。

2）農家類型別の特徴

　I 型（3 戸 9 は、すべて下地区の農家である。面積は 4 ～ 12haであり、農外就業は行っていない専業農家群である。作付面積でみると水稲が大きな割合を占めているが、いずれも施設園芸等の集約作物を導入することによって所得の増大を図っている。いずれの農家も自作地の割合が高く、借地は 7

第Ⅰ部　道南農業の転換－集約化と土地利用型農業の再編

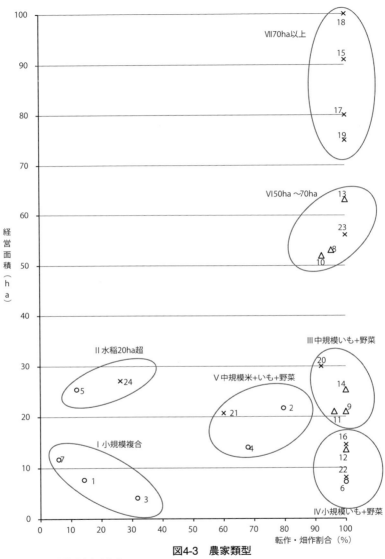

図4-3　農家類型

資料：実態調査より作成。
註1）　図中の数字は、農家番号である。
註2）　図中の○は下地区、△は鶉地区、×は館地区を表している。

第4章 大規模個別経営と農業振興公社支援による土地利用部門の再構築

番農家が経営面積11.7haのうち1.8haあるのみである。規模拡大路線を取らなかった農家群であるといえる。

Ⅱ型（2戸）は、水稲作付面積が20ha超の農家群である。5番農家は土建会社の経営も兼ねる経営であり、水稲単作経営である。一方、24番農家は水稲・集約作物・肉用牛肥育の3つを経営の柱とする専業農家である。

Ⅲ型（4戸）は、20〜30haの中規模であり、畑作＋野菜を経営の軸とする農家群である。転作割合が高いのが特徴であり、水稲を作付する農家は11番農家と20番農家のみである。14番を除く農家で種イモを作付している。また、いずれの農家も畑作に加えて集約作物を導入している。Ⅲ型の4農家のうち3戸が後継者を確保しており、それらの農家は規模拡大意欲を持っている。

Ⅳ型（4戸）は、概ね10ha前後で畑作＋野菜を軸とした経営を行っている農家群である。規模拡大路線ではなく転作対応による所得増大を図った農家群であるといえ、自作地の割合が非常に高い。いずれも馬鈴薯、大豆を中心とした畑作と集約作物を組み合わせている。種イモの作付は、16番、22番の2戸である。面積比率でみると畑作中心であるが、粗収入比率をみると野菜等の集約作物が大きな割合を占めている。

Ⅴ型（3戸）は、概ね20ha前後の中規模で水稲と畑作、野菜を組み合わせた経営を行っている農家群である。この中でも、畑作・野菜の面積割合が大きい農家（2、4番）と水稲作付の面積割合が大きい農家（21番）に分かれる。この層では、種イモの作付はみられない。

Ⅵ型（4戸）は、経営面積が概ね50〜70haの大規模農家群である。このうち8番、10番は水稲と畑作、野菜を組み合わせた経営形態であり、13番、23番は畑作＋野菜である。10番、13番は種イモを栽培しており、種イモを軸とした輪作体系を確立させている。23番についてもイモを軸とした輪作体系を確立しているが、8番農家は多様な野菜を取り入れた複合経営であり、特に輪作体系は意識していない。

Ⅶ型（4戸）は、経営面積70〜100haの町内で最大規模面積の農家群で

81

第Ⅰ部　道南農業の転換 - 集約化と土地利用型農業の再編

ある。いずれも畑作＋野菜という形態を取っており、水稲の作付はない。うち17番農家は肉牛の肥育も行っている。小麦・大小豆・馬鈴薯を基本に、集約作物を導入している。いずれの農家も畑作を中心とすることから輪作体系を意識した作付体系を取っており、Ⅶ層の中で唯一小麦の作付がない17番農家も、小麦の導入を希望している。Ⅵ型のうち３戸が種イモを作付けしている。３戸に後継者がいる。また、いずれも雇用労働力を導入しており、それは常時雇用での形態が多く、他の類型に見られないオペレータ雇用を行っている農家も２戸ある。

３）設定した営農類型

ここで、各類型における農業所得を厚沢部町農業振興計画『農に生きる６』より試算してみることにする（**表4-7**）。対象として、小規模複合経営のⅠ類、中規模イモ＋野菜のⅢ類、小規模米＋イモ＋野菜のⅣ類、50～70ha層のⅥ類、70ha以上層のⅦ類を取り上げることとする。データの制約から、Ⅱ類、Ⅴ類は除外する。

第Ⅰ類型では、経営面積が6.7ha、うち水稲の作付面積が5.0ha、馬鈴薯、

表 4-7　営農類型（試算）

| 類型名 | | 水稲 | 馬鈴薯 | | | 畑作 | | | | | | | |
			マルチ	露地	種子	大豆(黒)	大豆(白)	大納言	春小麦	秋小麦	大根	南瓜	Sコーン
	10a 当労働時間の目安	16	31	17	36	7	7	13	2	2	30	26	49
Ⅰ	小規模複合 面積（ha）	5.0	0.5									0.5	
	経営 労働時間	805	291									301	
Ⅲ	中規模い 面積（ha）	5.5	0.5	3.0		3.5			2.5	2.5		1.0	
	も・野菜 労働時間	886	291	913		253			31	33		257	
Ⅳ	小規模米・ 面積（ha）	4.0	3.0	2.0			5.0				5.0		
	いも・野菜 労働時間	644	1,744	889			374				1,293		
Ⅵ	50ha～ 面積（ha）	4.0			4.0	10.0			10.0	10.0	10.0	10.0	
	70ha 労働時間	644			1,470	724			125	131	2,627	2,627	
Ⅶ	面積（ha）		2.0	18.0		10.0		10.0	10.0	10.0			
	70ha 以上 労働時間		1,163	2,948		724		1,284	125	131			

資料：厚沢部町農業振興計画「農に生きる６」営農類型（JA試算）より作成。
註１）経営は夫婦二人経営（経営主１人工、配偶者0.8人工）で設定している。
註２）営農ナビで設定しているため雇用労働力も含む。
註３）粗収入における作物単価は、経営指数の現状単価である。また、産地づくり交付金は計上していない。

82

カボチャ、長ネギ、アスパラをそれぞれ0.5ha作付ている経営を想定している。水稲作の労働時間805時間に対して、野菜作の労働時間が2,821時間、馬鈴薯を加えると3,112時間に達するが、農業粗収入は16,250千円、農業所得は4,006千円になる。農業所得は他の階層と比較して最も低くなっているが所得率では24.7％になる。

　第Ⅲ類型では、経営面積が19.7ha、うち水稲5.5ha、馬鈴薯3.5ha、大豆3.5ha、小麦5.0ha、カボチャ1.0ha、アスパラ0.2ha、緑肥1.0haの経営を想定している。総労働時間は3,790時間に達している。馬鈴薯を含めた野菜の労働時間は2,574時間とⅠ類より減少し、畑作物の時間が新たに加わっている。農業粗収入は26,229千円、農業所得は5,816千円、Ⅰ類と比べて野菜の面積が減少しているため、所得率はⅠ類より低く、22.2％である。

　第Ⅳ類型では、経営面積が24.0ha、うち水稲4.0ha、馬鈴薯5.0ha、大豆5.0ha、大根5.0haの経営を想定している。総労働時間は4,944時間になり、うち最も大きな割合を占める作物は馬鈴薯で2,633時間である。次いで大根が1,293時間と続く。第Ⅰ類型と第Ⅲ類型とでは野菜に係る労働時間が最も長くなっていたが、第Ⅳ類型に至って馬鈴薯に係る労働時間が最も長くなっている。農

野菜					その他	面積合計 (ha)	農業粗収入 (千円) / 償却前農業所得 (千円)	償却後農業所得 (千円)
長ネギ	ブロッコリー	Sエンドウ	山ゴボー	アスパラ	緑肥			
212	53	468	242	557	1			
0.5				0.2		6.7	16,250	
1,407				1,113			5,280	4,006
				0.2	1.0	19.7	26,229	
				1,113	13		8,408	5,816
						24.0	45,913	
							9,596	7,183
					5.0	57.0	84,332	
					66		17,200	14,392
					20.0	80.0	74,437	
					262		11,870	8,435

第Ⅰ部　道南農業の転換－集約化と土地利用型農業の再編

業粗収入は45,913千円、農業所得は7,183千円であり、所得率は15.6％である。

　第Ⅵ類型では、経営面積が第Ⅳ類型の倍以上になり、57.0ha、うち水稲が4.0ha、種子馬鈴薯が4.0ha、大豆10.0ha、小麦20.0ha、大根10.0ha、カボチャ10.0ha、緑肥5.0haの経営を想定している。総労働時間は8,424時間であり、全ての類型の中でもっとも大きい。総労働時間のうち、野菜に係る労働時間が最も多く、5,254時間である。次いで種子馬鈴薯が1,470時間、大豆と小麦の畑作物が980時間となる。農業粗収入は84,332千円、農業所得は14,392千円である。野菜の作付面積が第Ⅳ類型と比べて大きいので所得率は高くなり、17.1％となっている。

　第Ⅶ類型では、経営面積が80.0ha、うち馬鈴薯が20.0ha、大豆10.0ha、小豆10.0ha、小麦20.0ha、緑肥20.0haで水稲と野菜の作付がない経営を想定している。総労働時間は6,637時間で、Ⅵ類よりも少なくなっている。総労働時間のうち最も大きな割合を占めるのが馬鈴薯の4,111時間である。畑作は2,264時間となっている。農業粗収入は74,437千円、農業所得は8,435千円でⅤ類よりも低くなっている。所得率は11.7％である。

　第Ⅵ類型では、野菜を作付することで高い所得を確保しているが、第Ⅶ類型では野菜を作付せず畑作物（小麦）を導入し前者よりも所得が低くなっている。そういった経営を選択する要因については、以降の事例分析からみていくこととするが、ここでその要因を先取りすれば3点あげられる。第1に、輪作体系の確立である。第2に、野菜は労働時間の割に期待される収入が得られないと感じている経営、また労働力不足から野菜の作付けを中止した経営が確認されるなど、野菜に係る労働時間の軽減が挙げられる。第3に農地の受け皿として期待され、引き受けざるを得ない点がある。そこには振興公社の受託作業による規模拡大へのサポート機能の影響も大きい。

4）拡大農家の実態分析

　ここからは、50ha以上の大規模農家の取組についてみることとする。なお、

第4章 大規模個別経営と農業振興公社支援による土地利用部門の再構築

50ha超は町全体に10経営体存在し、実態調査農家のうち50ha以上は8戸であり、50ha超経営をほぼカバーしている。

以下では、調査農家のうち50ha以上8戸のⅥ類・Ⅶ類の中から、輪作体系確立のため小麦を導入し規模拡大を図っている3戸を抽出し、拡大農家の実態把握を行う。

（1）Ⅵ類型No.8事例

No.8は、経営面積59.1haの大規模複合農家である。経営主（48才）、妻（48才）、長女（12才）、長男（9才）、次男（8才）、父（75才）、母（73才）、祖母（100才）の4世代家族構成である。後継者は就学中で現時点では未定である。基幹労働は本人と妻、母であり、雇用労働力は、馬鈴薯収穫の7月末～9月までと、山ごぼう収穫の11月には3～4人、延べ年300人を知人や親戚から雇用している。料金は厚沢部町の協定賃金（5,700円/日）である。

経営面積は前述のように59.1haであり、水田2.5ha、畑地56.6haから構成され、うち借り入れは14.4ha（水田1.3ha、畑地13.1ha）である。小作料は水田では転作交付金（36,000円/10a）のうち27,000円～28,000円を地主に支払っている。水利費は地主負担である。畑地の小作料は、農業委員会の参考小作料で支払っている。転作田での交付金は実8,000円/10aが作り手に残るのであるが、経営的には合わない面もある。しかし、中山間直接払いがあるので補えているとのことである。

作付の内訳は、水稲2.5ha、大豆7.0ha（光黒）、小豆5.9ha（とよみ大納言3.2ha、ほまれ大納言2.7ha）、小麦24.5ha（秋小14.5ha、春小10.0ha）、そば2.7ha、馬鈴薯9.3ha（食用）、サツマイモ（0.5ha）、緑肥0.6haである。この他、山ごぼう0.5ha、かぼちゃ5.7haと露地野菜が計6.2haである。山ごぼうは20年以上前に導入しており、10月末に収穫が始まるためその時期の労働力対策で導入した経緯がある。また、かぼちゃについては、2010年から作付を開始し、輪作体系の確立から導入している。なお、10前までは大根、ニンジン、キャベツなど多くの品目を作付していたが、品目を多くするよりは品目を絞

第Ⅰ部　道南農業の転換－集約化と土地利用型農業の再編

り、その品目で量を増やすことが労力面からもベストと考え、現在の作付内容となっている。

　輪作体系であるが、馬鈴薯、小麦、大豆・小豆を中心とする4年輪作で、馬鈴薯→小麦→大豆・小豆→かぼちゃの順となっている。堆肥は大豆・小豆、かぼちゃの作付前に春散布している。堆肥を入れるようになったのは10年前からで、町内で雪印の預託を行う肉牛農家が数件誕生したため、堆肥購入がスムーズなったことと、土づくりにも力を入れるようになったことが経緯である。堆肥散布は公社に委託している。

　経営的特徴としては、同地区の農家（54才）と共同で大豆、そばの作業受託（収穫）を行っている。作業受託を開始したのは1999年からであり、当時は小麦収穫を中心に行っていたが、町内で小麦作の拡大が進むにつれ、個人で収穫機を保有する農家が増加し、現在では麦の収穫は行っていない。収穫機は2戸で共同購入しており、1999年に1台、2002年に1台、2011年に1台購入し、1999年導入の収穫機は2011年に廃車にしたため、現在は2台保有となっている。いずれも8条刈りの汎用コンバインである。乾燥機も共同で2台保有している。作業は自分たちの収穫は個々で行っているが、受託の部分は2戸で分担している。2011年の受託実績は、大豆15～16ha、小豆10ha、そば30haとなっており、これまでかなりの機械投資をおこなってきたが、作業受託面積が安定しているため影響はないとのことである。作付内訳からもわかるように、No.8は麦のウエイトが非常に大きくなっているが、麦の作付開始は1996年からであり、当時、化成肥料ばかり投入していた農地に麦の麦稈をすき込み土づくりに力を入れようと考えたのが麦作開始の経緯である。その後、規模拡大を図るなかで、輪作体系の確立のため必然的に麦の面積が増えている状況にある。共同所有の機械、乾燥機を保有しているため麦の拡大は容易なものと考えられる。今後の意向としては、作業受託を行っている農家と法人化を考えているが、具体的な法人設立の動きには至っていない。

第4章　大規模個別経営と農業振興公社支援による土地利用部門の再構築

(2) Ⅵ類型No.10事例

　No.10は、経営面積51.9haの大規模複合農家である。経営主（63才）、妻（57才）の2名が農業に従事する夫婦を基幹とした経営である。長男29才は他出しており、後継予定はない。基幹労働は本人と妻で、雇用労働力は馬鈴薯と甜菜の播種・収穫・選別の時期、田植えの時期、草取り時期に50代後半の女性と、70代の夫婦を町内から雇っており、延べ似数は300人である。また、30才代前半の機械オペレータを隣地区から雇っており（**表4-8**）、耕起、麦のコンバインを担当している。賃金は協定賃金ではなく1日8,000円を支給している。経営面積は前述のように51.9haであり、水田21.9ha、畑地30haから構成され、内借り入れは33ha（水田12.0ha、畑地21.0ha）である。作付の内訳は、水稲4.0ha、大豆10.7ha、小麦20.1ha（秋小8.1ha、春小12.0ha）、甜菜4.1ha、そば3.2ha、馬鈴薯5.6ha（種いも）、かぼちゃ3.5ha、さつま芋0.5haである。

　輪作体系であるが、種いも中心の4年輪作で、種いも→小麦→甜菜→大豆・小豆の順となっている。堆肥は年300tを甜菜とカボチャ、サツマイモに与えている。これには町の半額の助成がついている。公社利用では、麦の播種、米の防除のすべてと豆のプラウ耕（8～9ha）、サブソイラー（数ha）を委託している（**表4-9**）。公社を利用しなくては今の経営は成立しないとしている。

　経営的特徴としては、地域の農地の受け手として規模拡大を進めている。1年単位の受委託関係から春小麦を作付している。春小麦であれば面積が拡大しても作業量はさほど変わらない上、小作料も交付金があるため対応できている。種いも・採種小麦を経営に取り入れながら、大規模経営（多品目）を行っており、経営は安定していると思われる。近隣から小麦の作付を頼まれることによる賃借（小作料支払いなし）も行われている。しかし、後継者が不在であり、経営主の年齢かもこれ以上の規模拡大は困難と思われる。

第Ⅰ部　道南農業の転換－集約化と土地利用型農業の再編

表4-8　大規模農家の拡大条件と今後の意向

No.	地区	主年齢	後継者	農従者	経営面積(ha)	雇用労働力	規模拡大	公社利用	今後の意向
8	鶉	48	未定	2	59.1	・季節労働8名	・16～17年前（父の代）に3ha借地 ・13年前に5～10ha借地 ・2～3年前に2～3ha借地 13軒から借地している。借地による規模拡大。	・小麦播種 ・水稲防除 ・起耕、堆肥散布	・小麦は輪作のために導入しており、小麦収穫の作業受託を2戸で行っており、将来的にはこの2戸で法人化を考えている
10	鶉	63	なし	2	51.9	・季節労働4名（機械オペレータ1名、パート3名）	・20年以上前に売買で規模拡大。・畑イモ、採算が悪く借りいれながら経営に取りいれながら規模拡大。	・小麦播種　水稲防除 ・豆のブラウ耕、サブソイラー	・後継者不在であり、これ以上の規模拡大は困難 ・将来的には若い担い手がいれば、農地の出し手になることも考えている
15	当路	44	なし	3	91.0	・常雇用1名（10年目、機械オペレータ）・パート3名（主に夏・秋）	・労働力不足で野菜作を中止した経緯あり ・2000年以降66haの借地（うち16ha返却）・後継者不在で、親世代がリタイア後、馬鈴薯廃止予定	・小麦播種 ・堆肥散布	・馬鈴薯減らし、麦の播種の公社委託を廃止予定
17	当路	52	あり	3	80.0	・季節雇用7名（男制オペレータ1名、女性パート6名）・中国人研修生1名	・2001年以降、借地で規模拡大を進める。（全て転作田）	・キャベツ、ブロッコリの育苗 ・クローラで水田起こし	・これ以上の規模拡大はしない意向（労働力雇用のコストが大きい）・甜菜、ブロッコリを廃止予定（品目を絞る）・輪作のため、麦導入したいがコストがかかり難しい
18	当路	59	あり	4	100.0	・季節雇用5名（女性パート5名）・中国人研修生2名	・農地の規模拡大において購入の割合が比較的大きい（畑17ha、平成8年～）	大根収穫 ・ブロッコリ、キャベツの育苗 ・着作業遅延時、ブラウやロータリ耕	・YesiClean栽培 ・借地で規模拡大意向 ・野菜減らす（手間の割に収入少ない）
23	館	46	未定	3	56.0	・季節雇用5名（男性1名、女性4名）・新規就農希望者1名（研修生）	・規模拡大は、父の代から行っており、借地で対応	・大根収穫 ・ブロッコリー、キャベツの育苗	・品目が多いため、集約化を図っていく ・キャベツ、馬鈴薯については独自の販路で販売してをり、今後も販路拡大を進め他作物もその方法で販売する方向

資料：実態調査より作成。
註1）後継者「未定」は「就学中」である。

第4章　大規模個別経営と農業振興公社支援による土地利用部門の再構築

表4-9　大規模農家の公社利用実績

(単位：上段円、下段%)

	2009年						2010年					
	NO.8	NO.10	NO.15	NO.17	NO.18	NO.23	NO.8	NO.10	NO.15	NO.17	NO.18	NO.23
ラジコン防除	275,840	202,573	-	51,870	19,950	139,650	301,852	126,312	-	-	-	-
	24.1	16.6	-	3.2	0.7	17.9	25.0	11.4	-	-	-	-
小麦播種	201,337	362,447	-	-	-	526,969	321,431	358,904	-	-	-	619,763
	17.6	29.7	-	-	-	67.6	26.6	32.4	-	-	-	96.4
耕起	186,375	448,875	-	-	47,250	-	183,225	355,688	-	-	454,125	-
	16.3	36.7	-	-	1.6	-	15.1	32.1	-	-	14.8	-
堆肥散布	166,950	195,300	-	103,950	126,000	105,000	175,350	235,200	43,050	134,400	411,600	-
	14.6	16.0	-	6.5	4.4	13.5	14.5	21.2	2.8	10.3	13.4	-
ハウス除雪	27,300	8,400	12,600	-	-	8,400	35,700	16,800	29,400	-	-	23,100
	2.4	0.9	1.0	-	-	1.1	2.9	1.5	1.9	-	-	3.6
融雪剤散布	-	-	3,150	-	-	-	76,650	-	-	-	-	-
	-	-	0.2	-	-	-	6.3	-	-	-	-	-
大根播種	-	-	39,375	23,625	-	-	-	-	105,210	44,363	209,475	-
	-	-	3.0	1.5	-	-	-	-	6.9	3.4	6.8	-
大根収穫	254,025	-	-	-	142,275	-	-	-	-	-	-	-
	22.2	-	-	-	4.9	-	-	-	-	-	-	-
スプリンクラー	34,125	4,200	-	13,125	-	-	116,025	14,175	-	-	-	-
	3.0	0.3	-	0.8	-	-	9.6	1.3	-	-	-	-
苗	-	-	1,268,885	1,404,669	2,558,535	-	-	-	1,336,283	1,125,201	1,992,008	-
	-	-	95.8	88.0	88.4	-	-	-	88.3	86.3	64.9	-
合計	1,145,952	1,221,895	1,324,110	1,597,339	2,894,110	780,019	1,210,333	1,107,179	1,514,043	1,304,064	3,067,308	642,963

資料：厚沢部町農業振興公社及び農協資料より作成。
註1）－は実績なし。
註2）割合は、合計値に占める各作業の割合である。

第Ⅰ部　道南農業の転換−集約化と土地利用型農業の再編

(3) Ⅶ類型No.15事例

　No.15は、経営面積91haの大規模畑作専業農家である。もともと稲作農家であり、稲作を主に畑作も行っていたが、当路地区は全面転作の申し合わせを行ったため、畑作＋野菜に転換した。だが、雇用労働力の確保が十分でないため、現在のような畑作一本に単純化した経緯がある。

　経営主は（44才）、父（73才）、母（70才）の３名が農業に従事する親子２世代経営である。経営主は小麦部会長、父は元新函館農協副組合長であり、道南地域の模範的小麦農家である。雇用労働力は、年雇用で元農家の53才男性を雇用している。館地区在住で、今年で10年目にあり、全ての機械でオペレータを担当している。パート作業では、７月の草取りと秋の馬鈴薯収穫で３人の雇用がある。70才女性と66才女性は江差町在住で送迎を行っている。60才女性は元農協職員の妻で富栄地区在住である（**表4-8**）。

　現在の経営面積は前述の通り91haで、水田65ha、畑地26haから構成される。水田は全て転作である。2010年には105haの経営面積であったが、戸別所得補償への政策移行で、借地を返して欲しいという農家がいたため、2011年は面積が減少した。

　現在の借地面積は48haである。厚沢部町内10ha（新栄・水田3.0ha、鶉・畑7.0ha）、江差町に水田38haがある。江差町からの農地借入動向は、2000年→10ha、2004年→10ha（2006年に６ha返却）、2005年→26ha、2006年→10ha（2009年10ha返却）である。江差町の借地の小作料であるが、転作奨励金は担い手加算のみを受給している。残りは地主に渡し、地主はその中から水利費を払うことになる。

　現在の作付内容であるが、畑作の輪作のため、当地では適作ではないといわれている小麦（春小17ha、秋小33ha）を導入し、輪作を行って主作物の馬鈴薯（18ha）、大豆（15ha）、小豆（10ha）の収量向上を実現している。

　経営的特徴としては、小麦の技術水準が非常に高いことである。麦の乾燥機は、定置式の自前乾燥機を所有している。一方で、小麦播種と堆肥散布を公社に委託している。前年対比で小麦播種の公社利用をみても約３割程度増

90

第4章　大規模個別経営と農業振興公社支援による土地利用部門の再構築

加しており、小麦作の拡大とともに公社利用も増している（**表4-9**）。播種については、公社への委託ではなく自ら行いたいとの気持ちはあるが、馬鈴薯の収穫作業と重なるため無理がある。ただし、親が農作業をできなくなった時には、馬鈴薯を減らす計画であり、そうなった場合は麦の播種は公社へ委託することはなくなる考えである（**表4-8**）。

5）規模拡大の諸条件

　拡大農家の実態から、厚沢部町における大規模経営の展開を支える条件について考えてみる。それは以下の4点に整理することができる。

　第1に、稲作の縮小、小規模層の滞留構造の崩れ、周辺地域への出作などから、拡大意欲さえあれば転作田を中心に豊富な農地供給があることである。第2に、転作助成に支えられ普通畑作を展開することができ、また、小作料も低く抑えられることである。第3に、畑作の基幹作物として馬鈴薯と豆類があり、面積が確保できれば馬鈴薯を中心とした輪作体系が構築できることである。そのことが小麦導入を容易にさせ、収穫機の保有・組織的対応も進んでいるのである。第4に、オペレータ雇用を含む雇用を確保していることである。季節就業が可能な被雇用者の存在が拡大の大きな条件となっている。

第5節　小括

　厚沢部町における土地利用型農業支援の意味合いは、かつての産地形成・複合化による地域農業転換をメインとしたものから、今日では土地利用型農業の維持・存続そのものにも焦点があてられるようになっている。

　1985年以降の産地形成・複合農業の展開は、一定の専業自立経営を生み出したが、他方では小規模層の滞留構造を残したままであった。今日、この層が高齢化によって崩れており、それを受け止める主体として複合経営の規模拡大が進められ、土地利用型農業をカバーするようになっている。

　厚沢部町における土地利用型農業の再構築は地域全体として取り組まれて

91

第Ⅰ部　道南農業の転換−集約化と土地利用型農業の再編

きたというよりは、拡大経営を主役として進められている。個別経営でいえ
ば、かつてと比べ露地野菜の生産が縮小し、また規模拡大が進むにつれて輪
作の重要性が意識されるようになり、その結果として小麦作の導入・定着が
進められている。また、これに併せて従来の公社の受託事業も変化し、土地
利用型農業の維持・存続そのものに焦点を当てた支援が展開されていること
は評価できる。

注記
1）飯澤・坂下［12］を参照した。
2）井上［6］pp.145-158を参照した。
3）厚沢部町における農地の開発過程については、飯澤・坂下［12］に詳しい。
4）坂下［38］の研究においても、1990年時点における厚沢部町の農家は、「7.5ha
　　〜 10haの比重が下がり、10ha以上の割合が高まるという不連続な階層構成を
　　示していた」と指摘されている。
5）有限会社厚沢部町農業振興公社の概要・実態については、井上［6］の他、
　　亀井［27］、長尾［53］、西村［57］、正木［73］を参照した。

第Ⅱ部

担い手不足下の農業生産法人の可能性
―現段階―

第5章

道南農業の現段階的特徴

第1節　本章の課題

　第Ⅰ部では、北海道の道南を中心とした中山間地域の担い手問題について、1980年代に北海道の第四の作物として位置づけられた中山間地域での野菜産地形成に注目しつつ、経営の集約化の一方で土地利用型部門が空洞化されていることを明らかにし、その再構築策を整理した。これに対し2000年代以降の担い手の大きな減少の中で、農業生産法人の役割および新規就農の動向に注目したのが第Ⅱ部である。

　道南地域を中心に北海道の中山間地域は近年、中小規模の複合経営が大宗を占める地域農業構造の下で、高齢化・担い手不足の深刻化、農地集積の停滞、水田を中心とした土地利用部門の空洞化が進行し、耕作放棄地の発生も広範に見られる状況にある。それにもかかわらず、道南地域は北海道の他地域とは異なり、それを克服するような組織化の動きがあまり見られなかった。しかし、問題が深刻化するなかで、その数は多いとは言えないが、協業型の農業生産法人が設立され、それによって担い手不足・労働力不足・農地の維持などへの対応を図る動きが見られるようになった。あわせて、行政主導による担い手確保・育成の動きが強まっている。以下では、2000年以降の道南農業の動向をみていくこととする。

第2節　農家の動向

1）担い手の現状

　表5-1は、道南（渡島・檜山）における農業経営体と販売農家の動向を示したものである。北海道の農業経営体数は2005年の54,616経営体から2010年

95

第Ⅱ部　担い手不足下の農業生産法人の可能性

表 5-1　農業経営体・販売農家の動向

（単位：経営体、戸）

区分	農業経営体			販売農家			農地所有世帯 （総農家+土地持非農家）		
	2005 年	2010 年	2015 年	2005 年	2010 年	2015 年	2005 年	2010 年	2015 年
北海道	54,616	46,549	40,714	51,990	44,050	38,086	76,544	71,505	63,294
道南	4,280	3,535	3,067	4,027	3,362	2,907	10,495	9,748	8,533

資料）農業センサスより作成。

　の46,549経営体に、さらに2015年には40,714経営体に減少している。道南で
も全道と同様に減少傾向が見られる。2005年に4,280経営体であった農業経
営体は、2010年には3,535経営体、2015年にはさらに減少して3,067経営体と
なっている。減少率でみてみると、2005年から2015年にかけて、北海道の農
業経営体数は25.4％が、道南地域の農業経営体数は28.3％減少しており、道
南の農業経営体数は北海道全体よりも早いスピードで減少していることがわ
かる。

　続いて、販売農家についてみてみると、北海道の販売農家数は2005年の
51,990戸から2010年の44,050戸、2015年の38,086戸に減少しており、その減
少率は26.3％である。道南地域の販売農家も2005年の4,027戸から、2010年の
3,362戸、2015年の2,907戸に減少しているが、その減少率は北海道よりわず
か高い27.8％となっている。

　このような農業経営体数・販売農家戸数の減少とともに、道南では総農家
と土地持ち非農家を合わせた「農地所有世帯」も減少しつつある。道南の農
地所有世帯は2005年の10,495戸から2015年の8,533戸に減少しており、その減
少率は18.6％であり、北海道の減少率、17.3％よりやや高い。つまり、農地
所有世帯という観点からも道南の減少率は北海道より上回っているのである。

　次に農業経営体数の減少が進行する中で、経営耕地面積規模別農家数がど
のように変化しているのかをみていく（**表5-2**）。道南では北海道全体と同
様に、30ha未満層での減少が持続する中で、30ha以上層の増加が目立って

96

第5章　道南農業の現段階的特徴

表5-2　経営耕地面積規模の動向

(単位：経営体)

区分		1ha 未満	1-5ha	5-10ha	10-20ha	20-30ha	30-50ha	50ha 以上
北海道	2005年	5,877	10,435	9,533	11,020	6,190	6,418	5,143
	2010年	4,723	7,904	6,645	9,387	5,866	6,425	5,599
	2015年	3,904	6,291	5,234	7,963	5,442	6,128	5,752
道南	2005年	941	1,498	777	575	230	181	78
	2010年	686	1,196	615	507	224	216	91
	2015年	580	971	529	458	186	230	113

資料）農業センサスより作成。

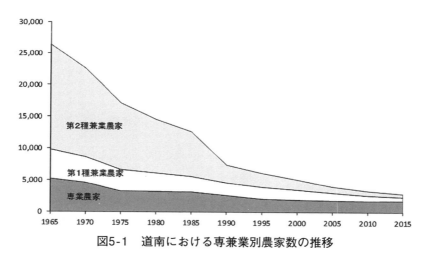

図5-1　道南における専兼業別農家数の推移

資料：農業センサスより作成。

いる。後述するが、このような大規模農家層は、複数戸法人よりも個別経営が多く、とくに農地集積の方法では借地による集積が高い割合を示している。つまり、道南における大規模農家層の形成は、個別経営の借地による集積が中心なのである。

　道南は分厚い第1種・第2種兼業農家の存在を特徴としてきたが、それが大きく変化してきている。図5-1は専業農家と第1種・第2種兼業農家の推

97

第Ⅱ部　担い手不足下の農業生産法人の可能性

移を表したものである。1965年から2015年の50年間という長いスパンで見ると、道南の専業農家数は5,245戸から1,806戸へと減少し、減少率は65.6％である。これに対し、同期間の兼業農家数は21,183戸から1,101戸へと大幅な減少をみせ、その減少率は94.8％に達している。専業農家よりも少ない存在となっている。第1種と第2種と分けてみると、第1種兼業農家は4,576戸から612戸と約86.6％の減少、多数派であった第2種兼業農家は16,607戸から489戸へと97.0％の減少率を示しており、道南における兼業農家の減少はとくに第2種兼業農家で著しいことがわかる。

　以上、道南における担い手の状況について概観した。道南では農業経営体数と販売農家戸数の減少が続く中で、農地所有世帯も継続的に減少し、さらには農家構成の特徴であった兼業構造の崩壊も見られるようになる。つまり高齢化や後継者不足などが担い手の減少、労働力不足などをもたらし、さらには農地の出し手の増加にまで波及しているといえよう。

2）全国・北海道と比較した道南の農家カテゴリーの特徴

　ここではやや重複するが、農家カテゴリーの全国、全道との比較を行って道南の特徴を整理しておこう。**図5-2**は全国、**図5-3**は北海道、**図5-4**は道南を示している。各図は積み重ねグラフであり、下から専業農家、第1種兼業農家、第2種兼業農家であり、この三つの積み重ね（第2種兼業農家の上の線）が販売農家を示している。その上が自給的農家であり、この上の線が総農家数を示している。さらにその上が土地持ち非農家であり、この上の線、すなわちすべての積み上げが各農家カテゴリーの合計（農地所有世帯）を示している。

　まず、全国から見ておこう。販売農家は1990年のおよそ300万戸から2020年には100万戸まで3分の1となっている。専業農家は45万戸前後で維持されているが、兼業農家は第1種、第2種ともに1990年の30％台まで減少している。自給的農家は80万戸台からやや減少している程度である。したがって総農家は380万戸から175万戸へと半減している。土地持ち非農家は78万戸か

98

第5章　道南農業の現段階的特徴

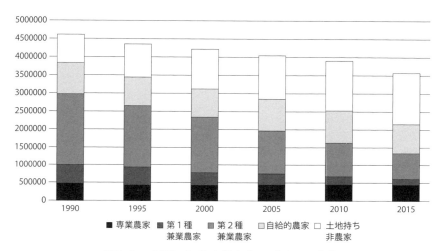

図5-2　全国における農家カテゴリーの変化

資料：農業センサスより作成。

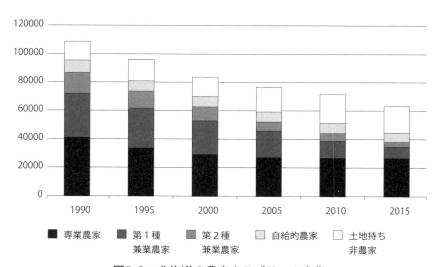

図5-3　北海道の農家カテゴリーの変化

資料：農業センサスより作成。

第Ⅱ部　担い手不足下の農業生産法人の可能性

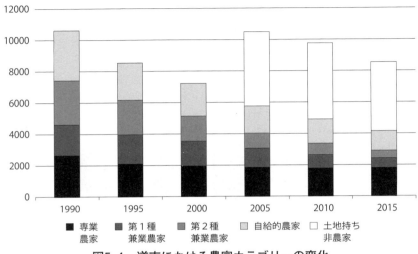

図5-4　道南における農家カテゴリーの変化

資料：農業センサスより作成。
註1）1990～2000年は土地持ち非農家の数字を欠く。

ら150万戸に2倍近く増加している。この結果、農地所有世帯数は460万戸から325万戸へと30％減少にとどまっている。総じて、兼業農家が大きく減少し、専業農家と自給的農家は維持され、土地持ち非農家が増加し、総農家の減少にもかかわらず農地所有世帯数は一定程度維持されているということになる。

北海道については、1990年時点では専業農家が主体で4万戸、第1種兼業農家3万戸と続き、第2種兼業農家（1.5万戸）や自給的農家（0.8万戸）は少なかったが、兼業農家が急速に減少して第1種、第2種ともに20％水準になる。販売農家は減少するが65％、2.7万戸となり、自給的農家は減少が少なく0.5万戸となって、総農家数は9.5万戸から3.8万戸、40％まで減少している。土地持ち非農家は1.3万戸から2万戸まで増加しているが、その割合は小さい。その結果、農地所有世帯は10.9万戸から半減して5.5万戸となっている。クッションがない構造である。

第5章　道南農業の現段階的特徴

　これに対し道南は、すでにみたように漁業兼業や通年出稼ぎ型の第2種兼業農家がかつては1.5万戸おり、販売農家2.6万戸の60％を占めていたが、1990年には2,800戸にまで減少する。この時点では総農家が1万戸で、最も多いのが自給農家の3,200戸、30％、第2種兼が26％、専業が25％、第1種兼が19％という構成であった。30年後の2020年には総農家数が3,400戸、30％にまで減少し、自給的農家は30％で割合を維持し、販売農家は兼業農家が急速に減少して、専業農家中心となっている。土地持ち非農家は2005～2015年のみ数字を取れるが、総農家を上回る水準にある。2015年の農地所有世帯は8,500戸でそのうち、4,400戸、50％が土地持ち非農家となっている。

　農家戸数の減少が70％近くであり、北海道全体の減少率を超えるという意味では北海道全体に先行する動きと言え、兼業農家が減少して専業農家の割合が高くなっている点でも同様である。自給的農家割合が30％と高い点、土地持ち非農家が多く発生し農地所有世帯が農村世帯減少に一定の歯止めをかけている点が北海道とは大きく異なっている。この点で、全国動向に近いということができる。専業的農家割合が高いことは一方で規模拡大が進んでいることと符合するが、これまで2極化していた階層構成のうち、中小規模農家の脱農家が進み、自給的農家と土地持ち非農家として農村に滞留していることを示している。そこから全国的にそれが進み、集落営農などの展開が見られる農地保全の課題が強く現れていることが示唆される。

第3節　土地所有関係の動向

　こうした状況の下で、地域農業における重要な課題となったのは、とりあえずこの出し手による農地をどのように維持・管理するのかという点である。そこで以下では、道南における土地所有関係の状況を見ていくことにしたい。

　表5-3は農業経営体の経営耕地・借地耕地面積の動向を示したものである。道南での経営耕地面積は2005年の36,242haから2010年の36,711ha、2015年の36,347haへとわずかに増減を繰り返しながら36,000haで推移している。しか

101

第Ⅱ部　担い手不足下の農業生産法人の可能性

表5-3　農業経営体の経営耕地・借入耕地面積の動向

（単位：ha、%）

区分	耕地面積			借入面積			借入耕地面積率		
	2005 年	2010 年	2015 年	2005 年	2010 年	2015 年	2005 年	2010 年	2015 年
北海道	1,072,222	1,068,251	1,050,451	210,862	231,365	238,584	19.7	21.7	22.7
道南	36,242	36,711	36,347	9,739	10,915	11,442	26.9	29.7	31.5

資料：農業センサスより作成。

表5-4　総農家・土地持ち非農家における耕作放棄地面積の動向

（単位：ha、%）

区分	耕作放棄地面積			耕作放棄地面積率		
	2005 年	2010 年	2015 年	2005 年	2010 年	2015 年
北海道	19,470	17,632	18,654	2.0	1.8	2.0
道南	3,592	3,287	3,469	9.8	9.2	9.9

資料：農業センサスより作成。

註1）耕作放棄地面積率を求める際の耕地面積は表5-3を参考にした。

し、借入耕地面積は同じ時期に9,739haから10,915ha、11,442haに増加しつつある。その期間中の借入面積増加率は17.4%となっており、北海道の13.1%をはるかに上回っていることがわかる。

　道南の借入耕地面積率は2005年が26.9%、2010年が29.7%、2015年が31.5%と推移しており、その増加は継続している。これらの数字は北海道全体の借入耕地面積率を上回っており、道南地域では北海道全体よりも借地による農地流動化が進んでいることが見て取れる。

　表5-4は総農家・土地持ち非農家における耕作放棄地面積の動向を整理したものである。この表によると、北海道全体での耕作放棄地面積は2005年の19,470haから2010年の17,632ha、2015年の18,654haと推移しており、10年間にかけて816haの耕作放棄地が減少していることがわかる（減少率：4.1%）。なお、道南の耕作放棄地面積は北海道と同様の期間中に3,592haから3,287ha、3,469haと推移しており、10年間123ha、3.4%が減少していることが読み取れる。つまり、道南でも北海道全体と同様の動きが見られるが、耕作放棄地面

第5章　道南農業の現段階的特徴

表 5-5　土地持ち非農家・自給的農家による農地貸付状況（2015 年）

（単位：戸，ha）

| 区分 | 土地持ち非農家 | | 自給的農家 | | 両者の計 | | 一戸平均 |
	貸付農家	貸付面積	貸付農家	貸付面積	農家数	面積	貸付面積
道南	1,836	6,767	420	800	2,256	7,567	3.4

資料：農業センサスより作成。

表 5-6　農業経営体における借入田面積の動向

（単位：ha，%）

| 区分 | 経営田面積 | | | 借入田面積 | | | 借入田面積率 | | |
	2005 年	2010 年	2015 年	2005 年	2010 年	2015 年	2005 年	2010 年	2015 年
北海道	226,115	222,188	209,722	44,427	53,874	49,126	19.6	24.2	23.4
道南	13,676	13,691	13,519	3,331	4,113	4,291	24.4	30.0	31.7

資料）農業センサスより作成。

積率は2005年で9.8％、2010年で9.2％、2015年で9.9％と北海道全体より高く、10％に近い水準にある。

　表5-5では、道南における土地持ち非農家と自給的農家による農地貸付状況をまとめている。2015年の道南の土地持ち非農家は4,384戸であり、自給的農家は1,242戸である。土地持ち非農家のうち、42％を占める1,836戸が6,767haの農地を貸し付けており、自給的農家では全体の34％にあたる420戸が800haの農地を貸し付けている。この土地持ち非農家と自給的農家による農地貸付面積は、道南全体の借入耕地面積11,442haの66.1％を占めており、このことから土地持ち非農家と自給的農家が主な農地貸付層になっていることが確認できる。

　表5-6は農業経営体における借入田面積の動向をまとめたものである。北海道全体の借入田面積は2005年の44,427ha、2010年の53,874ha、2015年の49,126haと増減がある。これに対し、道南においては2005年が3,331ha、2010年が4,113ha、2015年が4,291haであり、一貫して増加傾向にある。

103

第Ⅱ部　担い手不足下の農業生産法人の可能性

表5-7　協業法人の展開状況

(単位：ha、%)

区分	経営体数		経営体当たり 経営面積		経営の借地率		地域における 面積のシェア	
	05-10年	10-15年	2005年	2015年	05-10年	10-15年	05-10年	10-15年
北海道	815	1,128	67.5	73.4	42.3	45.1	5.1	7.7
道南	41	53	40.4	50.1	49.9	52.3	4.3	7.0

資料：北海道地域農業研究所「センサスデータに基づく北海道農業の将来予測とその方向について」pp.24を引用・
加工。

　借入田面積率は北海道全体では2005年が19.6％、2010年が24.2％、2015年
が23.4％と増減があるのに対し、道南については2005年が24.4％、2010年が
30.0％、2015年が31.7％と増加傾向が続いており、その割合も近年では30％
を越えており、北海道より高い数値となっている。
　つぎに協業法人についてみてみよう。**表5-7**に示したように、道南でも協
業法人の増加が見られる。2015年の道南における協業法人数は2010年の41経
営体から53経営体となっている。道南の経営体当たりの経営面積は2005年の
40.4haから2010年の50.1haに増加しているが、北海道全体の73.4haに比べる
と小規模に留まっている。一方、道南の協業法人の借地率をみると、北海道
の45.1％を上回る52.3％となっており、地域における面積のシェアは北海道
と同等の水準になっている。つまり、道南における協業法人の展開は借地に
よる農地集積によって拡大していると考えられる。

第4節　小括

　以上、統計資料の整理から道南の農業構造について触れてきた。道南は、
規模拡大と専業化が進む中で、協業法人が形成されるなど、これまで特徴と
して挙げられていた小規模零細な経営規模、分厚い兼業農家構造などに大き
な変化が見られている。その変化の要因としては、後継者不足や高齢化によ
る担い手問題が挙げられており、今後農地の維持・管理の点においても担い

104

手の確保が必要となる。つまり、担い手をどのように確保・育成していくのかという担い手問題への取り組みは、将来の農業を考える際、地域農業の振興において欠かせない重要な課題となっている。そのため町や農協の取り組みのひとつとして行われているのが協業法人の設立である。

　以下では、農家戸数の減少に一定の歯止めがかかっており、規模拡大した担い手も一定の形成がみられる事例を対象とする。設立されている農業生産法人の地域における役割を捉えやすいからであり、農業生産法人の役割に注目した。さらに、行政による新規就農の支援の動向にも注意をはらう。

第6章

水田複合地域での土地利用と担い手対策

第1節　本書の課題

　道南は、かつては巴まさりの産地であり、北海道産米の中では良食味米産地として重要な役割を担っていたが、きらら397、ななつぼし、おぼろづき、ゆめぴりか等が水田中核地帯で生産されるようになると、その重要性が低下しつつある。また、労働力不足の深刻化も相まって、従来の複合経営のスタイルであった水稲＋αから以前の複合部門を専門化した経営形態へと変化している。

　こうした農業構造の変化が進展する中で、いくつかの複数戸による協業法人が設立されている。この協業法人は、担い手不足・労働力不足・農地の維持などの課題に対する地域農業振興のための取り組みの担い手として位置づけられている。

　そこで本章では、統計資料を用いて道南地域の特徴である中山間地帯の代表地域としてせたな町を取り上げ、その農業構造を明らかにし、せたな町が新たな地域農業の担い手と位置づけている協業法人2社の動向を明らかにしたい。あわせて、家族経営そのものの補完としての新規就農者の受入顛末についても事例を含め紹介する。

第2節　せたな町の農業構造の変化

1）農業構造の変化

　表6-1は1990年から2015年までのせたな町の農業構造の変化を示したものである。せたな町の販売農家戸数は1990年の664戸から2015年の325戸へと51.0％減少しており、

第Ⅱ部　担い手不足下の農業生産法人の可能性

表6-1　農業構造変化の概観（せたな町、2020年）

（単位：戸，ha，%）

区分	1990年	1995年	2000年	2005年	2010年	2015年	2020年
販売農家	664	559	485	416	361	325	278
経営耕地	5,453	5,328	5,050	4,834	4,899	4,906	5,017
田	2,549	2,434	2,330	2,333	2,280	2,295	2,047
畑	2,902	2,892	2,712	2,500	2,617	2,605	2,969
平均規模	8.2	9.5	10.4	11.6	13.6	15.1	18.0
5ha未満	239	187	148	120	95	70	47
5～10ha	240	183	164	125	87	75	66
10～20ha	129	120	91	95	94	91	73
20～30ha	45	46	60	43	41	39	37
30ha以上	11	23	22	33	44	50	55
うち30～50ha	9	11	20	29	41	47	42
50ha以上	2	-	2	4	3	3	13
借地計	523	808	889	1,071	1,193	1,231	1,370
田	172	243	293	402	464	438	379
畑	351	565	595	669	729	792	990
借地率	9.6	15.2	17.6	22.2	24.4	25.1	27.3
田	6.7	10.0	12.6	17.2	20.4	19.1	18.1
畑	12.1	19.5	21.9	26.8	27.9	30.4	33.3

資料：センサスより作成.
註1）販売農家の数値である。
註2）1990年～2010年の数値は北檜山町・瀬棚町・大成町の合計値である。
註3）1985年の販売農家数は793戸（1990年センサス掲載地）。
註4）2020年は農業経営体。

　年ごとの減少率は15％を前後しながら推移しているが、2015年には9.9％と10％を下回っている。つまり、農家戸数の減少には一定の歯止めがかかっている。

　町全体での販売農家の合計経営耕地面積は1995年以降減少傾向が続き、1995年の5,328haから2020年には4,596haに減少している。特に2015年から2020年には4,906haから4,596haと310haの減少となっている。ただし農業経営体の合計経営耕地面積では5,017haと2000年の販売農家の合計経営耕地面積に近い水準を維持しており、法人経営による規模拡大が推測される。いずれにせよこの傾向のなかで1戸あたりの平均経営耕地面積は拡大を続けており、1995年には9.5haであったが、2020年の販売農家平均で17.0ha、農業経営体平均で18.0haと急激な増加をみせている。

第6章 水田複合地域での土地利用と担い手対策

　1戸あたりの経営耕地拡大は借地に依存する傾向がみられ、借地の合計面積は1995年の808ha（販売農家）から2020年には1,370ha（農業経営体）まで増加しており、その比率は経営耕地全体の27.3％を占めるに至っている。特に畑地での借地が面積、比率共に大きく進展しており、同じく1995年から2020年にかけて実面積で565haから990ha、比率は19.5％から33.3％へと数字を伸ばしている。集計区分を販売農家から農業経営体に変更した影響でより数字が大きくなっている部分はあると思われるが、借地によって特に畑地で経営面積の拡大が進んでいるという方向性は確認できる。

２）大規模経営の増大

　表6-2は経営耕地面積規模別の農地保有シェアを示したものである。先の表6-1の販売農家戸数と関連づけてみると、町全体の販売農家戸数の24％を占める20ha以上層は、全体の過半を超える59.2％の農地を集積している。さらに、販売農家戸数シェアでは12％に過ぎない30ha以上層の農地集積は39.7％にも及んでいる。

　図6-1はせたな町における借地と農地集積の相関を示しているものである。この図からは30ha以上の農地シェア率（縦軸）と借地率（横軸）をもとに、

表6-2　経営耕地面積規模別の農地保有シェア（せたな町）

（単位：％）

規模階層	町全体	北檜山地区	若松地区	瀬棚地区	大成地区
合計	100.0	100.0	100.0	100.0	100.0
5ha 未満	3.0	3.7	3.0	0.6	73.3
5〜10ha	11.1	15.3	12.0	1.2	26.7
10〜20ha	26.6	30.6	37.1	7.1	0.0
20〜30ha	19.5	24.1	10.6	19.9	0.0
30〜50ha	35.4	26.3	25.0	66.6	0.0
50ha 以上	4.3	0.0	12.3	4.6	0.0
20ha 以上	59.2	50.4	47.9	91.1	0.0
30ha 以上	39.7	26.3	37.3	71.1	0.0

資料：センサスにより作成。
註1）販売農家の数値である。

第Ⅱ部　担い手不足下の農業生産法人の可能性

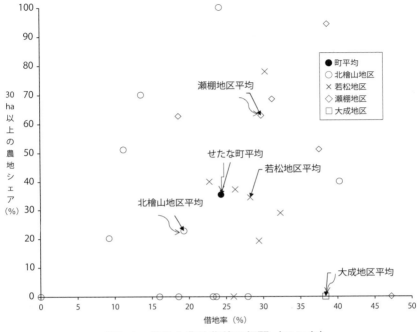

図6-1　借地と農地集積の相関（2010年）

資料：農業センサスより作成。
註1）販売農家の数値である。
註2）若松地区の新成・太櫓と瀬棚地区の北島歌・島歌・元浦・三本杉は30ha以上の農地シェアと借地率が0.0である。
註3）大成地区は地区平均のみ示す。

せたな町の集落単位の位置が確認できる。これによると30ha以上層の形成が進んでいる瀬棚地区・若松地区を中心とした借地流動化が進んでいる地域ほど大規模層の農地シェア率が高い事が見て取れる。つまり、せたな町における大規模層の形成は、借地流動化の結果といえるのである。

第3節　せたな町の水田土地利用

1）水田利用と規模階層

　せたな町の水田土地利用（**表6-3**）は、一般米（主食用米）が957.2ha、その他米が474.9haであり、それぞれ総面積2,770haの34.5％と17.1％を占め、水張面積は1,432.1haで51.7％となる。戦略作目のうち、畑作物は大豆が458.2ha（16.5％）で最も多く、小麦は82.5ha（3.0％）と少ないのが特徴である。また、粗放的な飼料作物とそばが354.4ha（12.8％）と269.8ha（9.7％）

表6-3　せたな町の階層別の水田土地利用（2022年）

単位：ha、%

	戸数	一般米	その他米	水張面積	小麦	大豆	飼料作物	そば	高収益作物	その他計	合計
〜3ha	49	11.7	3.7	15.4	0.0	10.8	30.8	5.0	2.0	5.2	69.1
3〜5ha	34	43.1	19.5	62.6	0.0	5.7	52.7	8.2	1.8	6.1	137.1
5〜7.5ha	51	114.6	74.9	189.6	0.3	13.3	98.4	11.0	2.5	12.5	327.5
7.5〜10ha	27	86.4	28.9	115.3	2.8	19.6	42.1	16.6	9.8	24.6	230.7
10〜15ha	41	215.5	94.5	310.0	12.6	42.3	46.9	65.3	7.0	0.7	495.8
15〜20ha	21	117.3	76.8	194.1	8.2	67.4	19.9	61.4	5.3	12.6	369.0
20〜30ha	18	143.1	100.3	243.4	1.5	41.6	50.2	53.2	10.9	15.5	416.2
30〜40ha	6	80.5	16.4	96.8	17.8	68.3	2.2	13.6	14.7	3.8	217.3
40〜50ha	6	64.2	27.9	92.1	20.5	121.1	0.2	26.4	3.1	12.7	276.2
50ha〜	4	80.7	32.1	112.8	18.9	68.1	11.1	9.2	7.2	4.4	231.7
合計	257	957.2	474.9	1,432.1	82.5	458.2	354.4	269.8	64.3	98.2	2,770.7
〜3ha	49	16.9	5.3	22.2	0.0	15.6	**44.5**	7.2	2.9	7.6	100.0
3〜5ha	34	31.4	14.2	45.7	0.0	4.2	**38.4**	6.0	1.3	4.5	100.0
5〜7.5ha	51	**35.0**	22.9	57.9	0.1	4.1	30.1	3.4	0.8	3.8	100.0
7.5〜10ha	27	**37.5**	12.5	50.0	1.2	8.5	18.2	7.2	**4.3**	10.7	100.0
10〜15ha	41	**43.5**	19.1	62.5	2.5	8.5	9.5	**13.2**	1.4	0.1	100.0
15〜20ha	21	31.8	20.8	52.6	2.2	18.3	5.4	**16.6**	1.4	3.4	100.0
20〜30ha	18	**34.4**	24.1	58.5	0.4	10.0	12.1	**12.8**	2.6	3.7	100.0
30〜40ha	6	**37.0**	7.5	44.6	8.2	**31.4**	1.0	6.2	**6.8**	1.7	100.0
40〜50ha	6	23.3	10.1	33.3	7.4	**43.8**	0.1	9.6	1.1	4.6	100.0
50ha〜	4	34.8	13.8	48.7	8.1	29.4	4.8	4.0	3.1	1.9	100.0
合計	257	34.5	17.1	51.7	3.0	16.5	12.8	9.7	2.3	3.5	100.0

資料：せたな町役場資料により作成。

111

第Ⅱ部　担い手不足下の農業生産法人の可能性

で、麦大豆が主流の北海道平均とは大きく異なっている。高収益作物は64.3ha（2.3％）で、ほとんどが野菜である。野菜は20品目におよび、馬鈴しょが28.9ha、たまねぎ（種子）が5.8ha、それ以外ではブロッコリーが6ha、かぼちゃが4ha、ほうれん草が3.6haであるが、限定的な動きとなっている。

　水田経営の階層別の特徴をみると、道南は経営規模が小さく5ha未満で32.3％、7.5ha未満で52.1％を占める。ただし、面積シェアでは7.5ha未満では19.3haに過ぎず、近年の規模拡大の結果と言える。この階層別に土地利用を見るとかなりはっきりした傾向が現れている。まず、水張面積をみると5haから30haまでが50～60％を占め、一般米のみならずその他米の比率も高い。それに対し、7.5ha未満の3階層では飼料作物の割合が大きく、全体の51.3％を占めている。これに対し、先の水張面積割合の高い5haから30haのうち10～30ha層でそばの作付け割合が高くなっている。30ha以上層の16戸は水張面積が平均よりやや低く、大豆に特化した畑作転作の傾向が顕著である。

2）そば・飼料作物の動向

　このうち、道南地域の転作で特徴的なそば・飼料作物についてみていく。図6-2はそば作付農家48戸の経営面積とそば作付面積の相関を示した。45度線に沿う90％以上のそば全面転作農家が12戸、10ha台が6戸、20ha台が2戸あり、完全転作農家が5戸である。ほかは5～20ha規模層に集中しており、作付けは5ha未満である。全面転作農家については、水活交付金が失われると経営中止の恐れがある。

　飼料作付農家102戸の経営面積と飼料作付面積の相関をとったのが図6-3である。まず、45度線上の全面飼料作付農家が10ha規模までに56戸、およそ半分あり、これらの多くは飼料販売農家であると考えられる。15haから20haの4戸（うち1戸は法人）は酪農経営3戸と肉牛経営1戸であり、部分的に水田で飼料作物を生産している形態である。すでに、2022年度から交

112

第6章 水田複合地域での土地利用と担い手対策

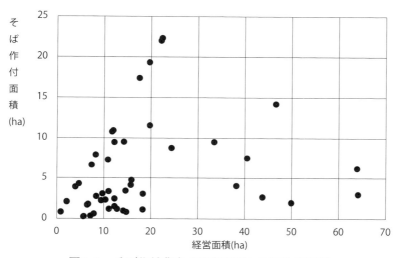

図6-2 そば作付農家の経営面積とそば作付面積

資料：せたな町資料により作成。

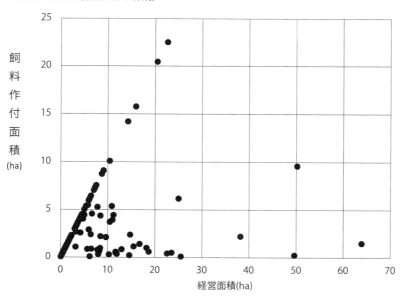

図6-3 飼料作物作付農家の経営面積と作付面積

資料：せたな町資料により作成。

第Ⅱ部　担い手不足下の農業生産法人の可能性

付金が減額されているが、現在の借地料水準と連動する畑地化に伴う売買地価の動向などが注目される。そばに関しては、完全転作農家５戸が経営を中止すると30ha以上の農地が出てくることになり、90％以上のそば全面転作農家12戸の場合には123haの農地が出てくることになる。周辺農家や地域全体として農地をどう守っていくのか、誰が農地を引き受けるのかといった課題が大きいわけである。飼料作物については、農地の取引を貸借から売買へシフトしていくことが予想される。現状の規模拡大は借地によるものであったが、水活交付金が失われれば、借地では経営が厳しくなることが考えられ、売買に切り替えられることが想定される。その際の農地価格をどのように設定するのかは極めて難しい課題である。

第４節　新たな担い手としての協業法人

１）N社の事例

（1）設立の経緯

　N社は2010年５月に株式会社形態で法人化している。経営主は現在40歳であり、2002年（23歳）に就農している。法人設立の経緯は、地域の農業従事者の高齢化などに伴い発生する農地の受け皿としての役割や規模拡大、受委託事業の展開、さらには農産物の販売を通じた町のPRに積極的に取り組むことであった。

　会社化する前年には、地域で最初に水稲直播栽培に取組み、先駆者として周囲から一目置かれた存在であり、会社設立後は農作業の受委託事業を展開し、農協のライスターミナルの運営を受託事業として請け負うなど、地域の若手リーダーとして活躍している。

　2018年現在のN社の経営面積は31.3haで、そのうち水稲が2.2ha、馬鈴薯が14ha、大豆が５ha、小豆0.4ha、そば６ha、そのほかに施設野菜0.5ha（小カブ、スナップエンドウ、スイートコーン、カボチャ）などを栽培している（**表6-4**）。労力は家族労働力を含む４名であり、正社員２名とパート２名

第6章 水田複合地域での土地利用と担い手対策

表6-4　法人の作付面積（2018年）

作物名	面積（ha）	備考
水稲	2.3	直播（ななつぼし、ふっくりんこ）
馬鈴薯	14	
大豆	5	（トヨムスメ、ゆめのつる）
小豆	0.4	
そば	6	
施設野菜	0.5	（カボチャ、カブ、スイトコーン、スナップエンドウ）
草地（転作）	3.1	
	31.3	

資料：法人調査より作成。

で構成されている。さらに、作業時期によって日雇いの労働者を導入している。

(2) 事業の展開

　N社は法人設立の目的の1つである受委託事業として、2011年から農協ライスターミナルのオペレーター、乾燥調製、出荷といった一連の作業を受託している。また、2012年からは転作畑で導入していた馬鈴しょを中心とした冷凍加工食品の加工と販売に取り組み、2014年には東京市場への馬鈴しょの直接販売を行っている。そして、2017年からは自社の加工品やギフト品の百貨店販売を開始するまでに至っている。このように、N社は地域農業のため多様な取り組みを展開しており、その内容を整理すると以下の通りである。

　第1は、農地の受け皿としての取り組みである。N社は設立目的にも述べたように地域内の農地の受け皿としての役割を果すために設立された。その結果、2017年に30ha以上の農地集積を行っており、地域の農業を支える大規模経営体となっている。

　第2に、新技術の導入と受委託事業の展開である。水稲作を基幹作物としていたN社は省力化をはかるために、2009年にせたな町で初めてとなる水稲直播栽培を開始した。当初は先代や地域の米農家から反対の声が多かったが、それらを乗り越え、現在では地域内の水稲直播栽培の先駆者として位置づけられている。

115

第Ⅱ部　担い手不足下の農業生産法人の可能性

　さらに、上記のように受委託事業として、農協のライスターミナルの運営を請け負っている。ライスターミナルの運営は、農協と年間契約しており、9月下旬からライスターミナルで米の受入れを開始し、乾燥・調製を行い、翌年の9月まで籾で保管したコメを玄米にして出荷している。受入れから出荷までのライスターミナルの全作業をN社が担っているのである。道内でも農協のライスターミナルの運営を法人経営が受託事業によって担っている例は、極めて少ない。

　第3に、自社の農産物や加工品を地域内のほかの農産物・加工品と連携して製造・販売することで、せたな町のPRを行っている。N社では農産物の生産のみならず、自社の農産物を原料にしたコロッケやフライドポテトの製造にも取り組んでいる。このコロッケの主原料となる豚肉は地域内の養豚農家との連携によって調達している。加工場所は、地域内で閉店した食堂を間借りしており、従業員やパートを雇用し製造に取組んでいる。加工品は、札幌市のHUGマートや函館空港、地元商店で販売されている。また、町の温泉ホテルではN社のコロッケが定食として提供されている。

　このように、地域ぐるみでの加工品の生産を行い、生産された農産物や加工品を販売する際に、原料の産地がせたな町であることを強調することで、地元であるせたな町のPRにつなげているのである。

2）D社の事例

(1) 設立の経緯

　D社は、2002年に3戸、9名の酪農家によって設立された協業法人である。設立当時、資本金は500万円で、うち取締役社長（62歳）が200万円、取締役専務（56歳）が150万円、取締役常務（56歳）が150万円を出資していた。このほか、6名の構成員（社長妻、専務妻、常務妻、社長長男、同次男、専務長男）と地元に居住する2名の従業員（30代男性と50代女性）が法人の作業に従事していた[1]。

　その後、2011年に取締役体制の変更を行い、社長長男（42歳）が取締役社

116

第6章 水田複合地域での土地利用と担い手対策

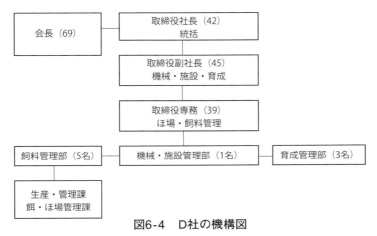

図6-4　D社の機構図

資料：法人資料より作成。

長に就任、専務長男（45歳）が取締役副社長に就任、社長次男（39歳）が取締役専務に就任している。なお、新たに取締役に就任した3名はそれぞれ50万円の出資を行っており、増資している。また、従業員も増員しており、構成員と合わせると、計13名で運営がなされており、正・準職員は前役員を含め6名、パートは4名となっている（**図6-4**）。

　この取締役の変更には、経営者層の世代交代が目的にあり、スムーズな経営移行を図る目的から実施されている。法人経営における経営者層の世代交代問題は、経営内部における大きな課題として位置付けられ、その意味において本法人は、早い段階から世代交代について意識し、その取り組みを実践したといえる。

　法人が設立された背景は以下のとおりである。

　第1に、増産が見込める大規模経営が必要だったことである。法人設立前、酪農形態が中心であるこの地区では離農の増加に伴う受託乳量の減少が問題視されていた。これを回避するには、増産が可能な充実した施設を有する大規模経営の確立が不可欠とされた。第2に、負債問題への対応が求められた

117

第Ⅱ部　担い手不足下の農業生産法人の可能性

ことである。そこで、法人を設立し、構成員所有の農地と機械を法人に賃貸することで、負債償還に充当する賃料収入の取得を見込んだ。

　最後に、受け手のいない離農跡地が約20ha発生したことである。この耕作放棄が懸念される農地の受け皿となる法人があれば多少なりともそれは阻止できるとされた。

　このように地域農業の展開を妨げる様々な課題が横たわっていたのであるが、これらはいずれも協業を前提とした法人を設立すれば解決できると考えられていた。これを強く認識していたのが前社長（現会長）であった。さらに当時の農協の中で参事と営農課長だけは法人の有効性に理解を示し、情報提供のみならず仮事務所のスペースを用意するなど、設立の準備に協力した。町は特別な支援は行わなかったが、法人の設立を推進する立場にあったので、固定資産税減免措置の手続きを勧めるなどのアドバイスを行ったのである。

（2）　D社の経営実態

　D社は、牛舎に関して法人設立前に使用していたものを一新し、フリーストール・ミルキングパーラー方式を導入した。収容頭数は204頭で、パーラーは14頭2列のヘリングボーンタイプである。これらの導入にあたっては、北海道農業開発公社が行う畜産基盤再編総合整備事業が活用された。また、北海道が実施するパワーアップ事業（基盤整備に係る補助事業）を活用し、堆肥発酵施設を2棟新設した。これら施設に関わる総事業費は4億5,000万円に及んでいる。

　こうした施設の拡充により、頭数規模の拡大が可能になったのは言うまでもない。法人設立時に3戸が持ち寄った経産牛は112頭であり、法人設立後、これらは法人所有となるが、その飼養頭数は、2012年の429頭から2018年には542頭となっており、経産牛が318頭・育成牛が224頭となっている（**表6-5**）。出荷乳量も設立時には900tに過ぎなかったが、2012年からは3,088t、3,191tと拡大し、2014年からは経産牛の一時的な減少から3,041t、2,840t、2,950tと若干の変動があったが、2019年には3,208tと過去最高の出荷乳量と

118

第6章 水田複合地域での土地利用と担い手対策

表6-5　D社の経営概要

単位（t、頭）

区分	生産乳量	経産牛頭数	育成
2012年	3,088	307	122
2013年	3,191	338	138
2014年	3,041	319	155
2015年	2,841	315	161
2016年	2,950	308	187
2017年	2,800	311	175
2018年	3,196	318	224
2019年	3,208	332	198
2020年	2,803	328	182
2021年	2,858	319	180
2022年	3,022	306	190
2023年	2,977	284	303

資料：法人資料より作成。

なっている。設立当時と比べると3倍以上増加となっており、法人を設立する背景の一つであった乳量の増加は達成されている。

第5節　新規就農者の受入実態

1）新規就農者受入れの特徴

　せたな町では、2016年に「せたな町農業担い手受入協議会」を設立している。同町は合併町村であるため、3地区（若松地区、瀬棚地区、北檜山地区）に支部協議会を構成し、町内の農家約60戸が構成員（会員）となっている（図6-5）。協議会は事業円滑化の点から、町、農業委員会、新函館農業協同組合、檜山農業改良普及センター檜山北部支所と緊密な連携を図っている。

　具体的な活動は、①就農相談、②農業研修生の受入（農業研修生との連絡調整、受入農家の選定、研修中の相談）、③就農相談会（新農業人フェア等）への参加、④農地の斡旋や確保、⑤就農研修住宅の維持管理、⑥就農後の相談（就農支援チーム）である。受入農家は協議会会員とし、受け入れ先は協議会で協議し決定する。農業研修生を受け入れていない農家も、農業研修生に対する指導や交流を積極的に図ること、受入農家は農業研修生の指導

119

第Ⅱ部　担い手不足下の農業生産法人の可能性

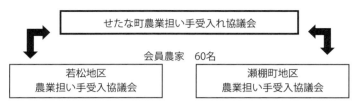

図6-5　協議会の組織構成

はもとより、地域活動などに積極的に参加させ地域との交流が広がるよう努めている。

　農業研修生の受入人数は年間一組とし、受入期間は原則として2年間としているが、協議会および関係機関が認めた場合は短縮できるとしている。研修生の住宅と生活面の支援では、就農研修住宅が用意され、生活費は自己負担である。国の就農準備資金の他に、町が助成金を支援している。町単独資金では、研修中に研修支援事業補助金（月12万、2年間）、就農初年度（1年間）には担い手育成事業奨励金（200万円）が用意されている。

　協議会設立を経て2名の就農者（A氏：2020年、B氏：2022年）と研修中の1名（C氏：就農時期未定）の実績がある。2020年に就農したA氏と現在研修中のC氏は地域おこし協力隊として町内ヘルパー組合で勤務し、2022年に就農したB氏はヘルパー組合の臨時職員として（研修支援事業補助金を受給）働きながら就農を果たしている。

　前述のように、協議会には複数の具体的活動が規定されているが、その他に協議会設置要綱に書かれていない活動がある。それは、就農後の受入協議会メンバーによる新規就農者のサポートである。具体的には、1農場に4名の協議会メンバーが就農支援チームとして3カ年張り付き、技術指導や経営相談などのサポートを行っている。簡易な施設整備（牛舎や倉庫等）などでは、就農支援メンバー等が実際に出役しアドバイスや作業協力をするなど、既存施設を自前で補改修することで建設費を抑えている。

2）就農者A氏の就農プロセス

　受入協議会が発足し就農第1号となるA氏は、2020年4月に就農している。兵庫県出身で、酪農学園大学を卒業後、8年間道内にある酪農関連の企業で勤務し、仕事上で多くの酪農家と接する中で酪農への志望を固めた。就農地を模索する中で、高校の先輩がせたな町の酪農家に嫁いでいたこともあり、道南エリアでの就農を考えた。当時せたな町が企画していた移住希望者向けの体験ツアーに参加し、受入協議会や町役場、農協とも協議する場が持たれ、同町への移住の思いが強まった。

　2019年にせたな町の地域おこし協力隊として酪農ヘルパー組合に出向し、ヘルパーとして働きながら独立就農を目指すことになる。1戸の牧場で働くのとは異なり、ヘルパーは短い期間で多くの牧場で作業を行うため、地域酪農の特徴を把握することができ、そうした活動と並行して新規就農の準備を進めていく。酪農ヘルパー2年目に入り、地域に離農する酪農家が現れ、受入協議会や町役場、農協が就農計画からその後の資金借入や牛の管理等で相談に応じるなど、全面的な支援を受けながら、2020年4月に念願の新規就農を果たした。

　現在、せたな町北檜山区豊岡地区で経産牛23頭、育成牛7頭を飼養し、農地面積は放牧地10ha、採草地5haである。牛舎はつなぎ牛舎31頭飼養で、労働力は本人（35歳）、妻（40歳）の2名である。

　飼養方法は集約放牧を実践している。基本的には昼夜放牧であり、放牧期間は秋までで、10haの放牧地は最大30牧区（1牧区約30a）まで細かく分割している。草地はオーチャードグラスが中心であり、牧区はライジングプレートメータで草量を測定し、牛が食べる草の量を把握している。放牧していない牧区も定期的に測定し草の成長を把握している。

　現時点では借入金のこともあり、放牧しつつ配合飼料も6〜8kg/日、給餌し乳量を高め、利益額を優先する経営としている。1日50kgの乳量を出す牛もいる。2025年からの償還開始に向けて、乳量（収入）確保という考え

第Ⅱ部　担い手不足下の農業生産法人の可能性

表6-6　飼養頭数状況

単位：頭、kg

	経産牛頭数	育成牛	年間生産乳量（kg）
2020			
2021	20	8	130,233
2022	21	9	157,320
2023	23	10	188,500

資料：聞き取りより作成。
註1）2021年は2月から搾乳開始。

に立っている。年間生産乳量は年々増加しており、直近の2023年では188,500kgと、一頭当たりでは8,000kgとなっている（**表6-6**）。

第6節　小括

協業法人は農政の大規模専作化路線の観点からは評価できるが、地域では担い手の減少への対応という観点からの評価が重要である。これは農業が基幹産業であり、農業経営の専業化・大規模化が全国でも著しく進展している北海道においても、高齢化・後継者問題による担い手不足問題が当然であり、協業法人は新たな担い手として捉える必要があるのである。この協業経営の設立は、水田作地帯や中山間地帯に集中しており、その中に道南も位置づけられる。小規模零細な農家構造を維持しつつ、兼業農家を中核層として展開してきた道南農業の構造が大規模経営の形成・専業化などへと変化していく中で、道南農業においても担い手減少が地域農業の重要な課題となり、その対応として協業法人が設立されてきているのである。

事例として取り上げた2社は、地域内の担い手減少による農地の受け皿や受託乳量の確保、農作業の受託、農産物の販売を通じた地域のPRなどのために設立された。さらに、N社では上記の目的のほかに水稲作など土地利用型部門の粗放化に対し、新技術の導入による省力化への取り組み、地域内の他農家との連携による加工品の製造・販売など、単なる農地問題だけでなく、地域農業が抱える様々な課題に対応している。

122

第6章 水田複合地域での土地利用と担い手対策

　このような協業法人の取り組みは地域農業の課題に総合的に対応可能な仕組みともいえ、より高度な取り組みとして位置づけされる。しかし、一方で道南では中小規模の家族経営がしたたかに生き残っていることも事実である。せたな町では、農政の大規模専門化路線からは外れるが、北海道の中でも放牧可能期間が比較的長い地域条件を活かし、自立経営として存続している放牧酪農経営が存在する。こうした、小規模家族経営を守る施策として新規就農者の受入れが地域合意のもとで行われていることは事例に示したとおりである。中山間地域の農業振興における法人化策と同時並行的に推めることが重要である。

注記
1）役員の年齢は、設立当時の年齢である。

第7章

酪農地帯における大規模酪農法人設立による担い手対策

第1節　酪農振興と法人の設立

　事例とする八雲町では、2019年に町・農協・酪農家３戸の出資によって株式会社Bが設立され、2021年４月から搾乳生産部門（C牧場）を稼働している。

　法人の設立は、北海道における酪農先進地である同町において、農家の高齢化が進み後継者不在が深刻化するなかで、町が地域維持の観点から酪農生産を担う法人を農協や農家と共同出資で立ち上げすることを提案したことが契機となっている。この働きかけは現町長の強い意向で進められ、当初の町の案では農協主体の法人化が提示されたが、結果的に町主導の３者による出資法人でスタートすることとなった。ちなみに、農協が主導的に法人化に踏み切れなかった背景には、参加予定農家の中に負債を抱える農家が存在していたことが要因としてあげられる。

　法人は八雲町のC集落に設立されているが、集落内には８戸の酪農家がいて、そのうち１戸は新規就農したばかりの酪農家、１戸は肉牛農家である。残りの酪農家が法人に参画することとなり（**表7-1**）、そのうち３戸が役員（出資）なることとなった。

表7-1　構成員農家の概要

	役職	年齢	後継者有無	法人への貸付農地
NO.1	取締役	65歳	後継者あり	12ha
NO.2	取締役	61歳	後継者なし	19ha
NO.3	従業員	66歳	後継者なし	31ha
NO.4	従業員	69歳	後継者なし	39ha
NO.5	従業員	63歳	後継者なし	5ha
NO.6	従業員	42歳	後継者なし	66ha

資料：法人聞き取りにより作成。

125

第Ⅱ部　担い手不足下の農業生産法人の可能性

　いずれの酪農家も法人設立以前は、40頭前後の繋ぎ牛舎で酪農を営んでいた。町内の中にはC集落と同様に零細規模の高齢酪農家を抱える集落が点在していたため、C集落に法人を設立する理由として、高齢化や過疎化が進んでいる典型的な地域の酪農生産機能を維持しつつ、さらに、担い手確保のための新規就農者の「研修機能」を持たせることとした。さらに言えば、道南地域には研修機能を有した牧場が存在していなかったため、そうした点からも地域として研修牧場としての法人を設置する意義は大きかったと思われる。

　法人役員構成についてであるが、設立当初は代表取締役社長が町長、取締役が出資農家3戸であったが、後に詳しくみるように2020年に出資変更を行ったことで、2021年から代表取締役社長には前副町長、取締役2名（参加農家）、顧問として現町長、農協理事（地区運営委員）、元農協専務（町内酪農法人代表）からなり、設立当初より農家主体の法人というよりも、町による農業振興としての法人であることを色濃く打ち出している。

　B法人の部門構成であるが（**図7-1**）、法人を核とし2つの部門が設置されており、C牧場と研修部の2部門体制がとられている。C牧場は、法人の1部門として酪農生産を担い、そこから生み出される収益を後述する研修部門の運営のほか、町の酪農振興に必要な様々な事業に注入する計画となっている。研修部では、新規就農希望者に対して研修の場を提供する役割が担われている。つまり、町の農業振興を担う核組織として町主導の法人が設立され、その運営の収益を生み出すために生産部門として研修機能を持つC牧場が位置づけられているのである。

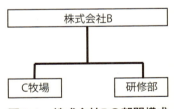

図7-1　株式会社Bの部門構成
資料：聞き取りより作成。

　図7-2は、B法人の資本金の変化を示したものである。この図から分かるように、設立当初は農家3戸が出資を行っていたが、搾乳を開始する前の

第7章　酪農地帯における大規模酪農法人設立による担い手対策

設立当初			現在(2020年から)	
町	940万円		町	940万円
農協	670万円		農協	670万円
農家3戸	30万×3戸		株式会社D	790万円
計	1700万円		E(全国的な菓子製造メーカー)	100万円
			計	2500万円

図7-2　株式会社Bの出資変化
資料：法人聞き取りにより作成。

　2020年には農家出資が取りやめられている。農家3戸の出資をやめた理由は
ヒアリングによると、「株価問題であり、資産が増えていくことで株の評価
額が高くなってしまうためである」と強調している。

　しかしながら、株所有の変更及び取りやめは、主に会社経営にかかる役員
や構成員の変更等が考えられる。会社経営の主体が、町や株式会社D [1)]と
なったため、農家3戸は、農地所有適格法人に出資することの必要性がなく
なったか、世代交代や資産提供（賃貸）や労務提供に徹する、さらには高齢
等の理由から出資を取りやめたのが真の理由ではないかと考えられる。出資
を取りやめた主要因を株価とするにはやや疑問が残るところである。

　この農家出資の取りやめにより、C牧場としての事業開始前に時価で買い
戻した。それ以降、法人しか株をもたないというルールを作り、役員に対し
ては、町からの貸株で対応する形をとった。町が95％出資する町おこし会社
である株式会社D、北海道乳業（株）と取引関係にあり、町とも連携協定が
締結されている全国展開の菓子製造メーカー（株）E社が出資者に加わった。
これにより、法人Bは実質的に農家の法人ではなくなり、農業振興を目的と
した町の第三セクターの法人となった。

第2節　C牧場の事業内容

　町における乳牛飼養状況をみると、飼養戸数は減少を続けているものの、
飼養頭数は2020年に10,583頭、1戸あたりの平均頭数は116頭と増加を続け

127

第Ⅱ部　担い手不足下の農業生産法人の可能性

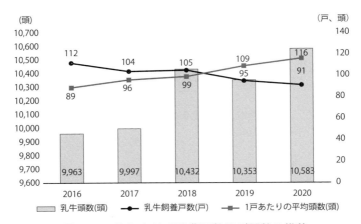

図7-3　A町における酪農戸数及び頭数の推移

資料：農協提供資料より作成。

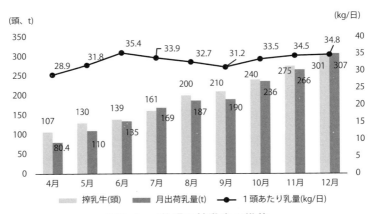

図7-4　C牧場の搾乳牛の推移

資料：法人提供資料より作成。

ている（図7-3）。

　図7-4より、C牧場における乳牛飼養状況をみると、搾乳を開始した2021年4月から飼養頭数・出荷乳量は増加している。1頭あたりの日乳量は、約34kg前後で推移している。牧場全体で約1,300頭を目標としており、今後も増加していくことが予想できる。搾乳部門での売上は、4月から12月の期間

第7章　酪農地帯における大規模酪農法人設立による担い手対策

表7-2　従業員の状況

正職員	15名（うち女性3名）
パート	2名（うち女性1名）
研修生	2名
事務の正職員	2名
役員	3名

資料：法人提供資料より作成。

表7-3　従業員の担当分け

ロボット	5名（うち研修生1名、パート1名）
乾乳・分娩・パーラー	4名
哺乳	3名（うち研修生1名、パート1名）
飼料・堆肥	2名
育成	1名

資料：法人提供資料より作成。

表7-4　農地の状況

自社所有	40ha
公社	75ha
構成農家からの借地	172ha
その他借地	62ha
計	349ha

資料：法人聞き取りより作成。

で約2億円となっている。

　C牧場の生産体制としては、畜産クラスター事業と町の補助金を活用し、搾乳ロボット牛舎2棟、育成舎3棟、乾乳舎1棟、哺乳舎2棟、飼料調製庫1棟、敷料庫1棟、バンカーサイロ12基、管理・研修棟各1棟が34億円（クラスター事業13億円、町補助金21億円）で新設されている。搾乳体制では、レリー社のアストロノートA5を8台使用したロボット搾乳を中心に、ロボット不適合牛は8連のシングルパーラーで搾乳を行っている。搾乳回数については、ロボットでは1日3回搾乳を目安に24時間搾乳しており、パーラーは1日2回搾乳を行っている。法人設立の総事業費（牧場を含め）は50億円と大規模な事業となっている。従業員は、**表7-2**に示したように正職員が15名など計24名となっており、従業員の作業分担については、**表7-3**に示したようにロボット牛舎に5名、乾乳・分娩・パーラーに4名などとなっている。労働時間は、5:30〜18:00で2.5時間休憩である。飼料に関しては、配合飼料は、現在は複数社のものを使用しているが、今後はホクレンのみとする予定である。粗飼料は、C牧場にて自給している。

　農地については、**表7-4**に示したように農地全体としては349haあるものの、条件があまり良くない農地を含むため、2021年の作付実績としては、牧草160ha、デントコーン58.5haの計218.5haとなっている。地代は、2,000円〜

129

第Ⅱ部　担い手不足下の農業生産法人の可能性

4,000円の間であり、負債のある２戸の農家に対しては、株式会社Dが農地を購入することで対応している。

第3節　新規就農支援

　現在、２名の研修生がC牧場で研修を行っている。その内訳は、男性２名で出身地は神奈川県と大阪府であり、地域おこし協力隊制度を利用して研修している。

　C牧場で行っている新規就農者支援としては、住居提供・実務が挙げられる。

　住居提供では、牧場の敷地内に１人部屋が７室、２人部屋が２室のアパートを建設し、水道光熱費込み月18,000円で提供している。現在研修している研修生は地域おこし協力隊員であるため、補助を利用し月8,000円で住居している。このアパートは、町で研修希望する者であれば、C牧場での研修希望者以外でも貸し出す方針である。

　実務では研修生は従業員との作業、従業員と牧場内を見て回るなどして家畜飼養管理について学んでいる。また、他の牧場にも視察に行き、C牧場以外の牧場を学ぶ機会を提供している。C牧場としては、現時点では研修生に対し「研修する場」を提供することのみに留まっているのが実態であり、研修後の支援は事実上行われていない。そのため、就農に関しては町に任せているのが実態である。町としても、町・農協・担い手センター・受け入れ農家が参加する「町農業研修協議会」を2021年12月に設立し、就農に向けた支援を開始した段階である。

　新規就農者支援については、始まったばかりであるが、町農業研修協議会と連携し、就農前から就農後までサポートできる体制を整えていく方針である。また、研修部門は町の農業振興を担う法人（株式会社B）の１部門として位置付けられているため、名目上は酪農での新規就農者のみを受け入れするわけではない。したがって、現在研修している２名についても他の営農類

型での就農を希望すれば、その対応を町農業研修協議会と進めるとのことである。

第4節　今後の課題

　法人の設立及び搾乳部門（C牧場）を稼働して間もないことから、今後の課題や展望を見出すことは難しいが、さしあたり現時点での取組評価を踏まえた、研修牧場を有する法人の課題点を以下の3点から整理する。

　第1に、株式会社Bは町の農業振興を担う組織として設立されている。したがって、C牧場は研修機能を有する牧場と位置付されているが、法人の1部門に過ぎないため、研修後の新規就農者の支援にまで展開する部門機能は有していない。むろん、町の農業振興を担う本体の株式会社Bが支援を行うことは考えられるが、そうした機能を有する法人とはなっておらず、住居の提供に留まっている。つまり、町における新規就農者支援のコントロールタワーが不在の状態なのである。この点は町における最大の課題だと思われる。

　第2に農協も株式会社Bへの出資は行っているものの、農協がどのような支援を行っているのかが現時点ではみえない。C牧場の部門経営収支までの分析はできていないが、おそらく購入飼料費の高騰や人件費の増大で部門収支は赤字の状況と推測される。それを町そして農協がどうカバーしているのかが重要な点である。酪農における新規就農では、農協による積極的な支援がないところは、存続が難しい。農協と町がしっかりとタッグを組んで研修生に対面する必要が課題であろう。

　第3に2021年の暮に町農業研修協議会が設立されているが、どのような取組を支援するのかが不透明である。実質的に研修生を受け入れしてから協議会が立ち上がっており、就農計画の作成など、きめ細やかな支援対応ができる組織となっているかが課題である。

第Ⅱ部　担い手不足下の農業生産法人の可能性

注記
1）2020年に町の95％出資で設立され、起業創業や就業等の支援を目的とした株式会社。

第8章

町行政主導による肉牛繁殖経営の担い手確保・育成

第1節　松前町肉牛改良センターの概要

　松前町の畜産振興は、半農半漁から農業専業化に移行し、いわば漁師が海から陸へと上がり農家になっていった1960年半ばから始まる。熊本県の褐毛和種を導入し、小規模家族経営を主体として展開し、1992年には褐毛和種から黒毛和種に切り替えられた。加えて松前町は地域的土地条件から、公共牧場が地域の飼料基盤を担うことで畜産振興が行われ、現在においてもその状況に変化がないことは強調しておかけなればならない。

　松前町の肉牛経営のうち7割が60歳以上であり、うち3戸が80歳以上の高齢農家である。そのため、町として農業の担い手を確保することが喫緊の課題となっている。現存する10経営体を最低限維持することが必要だとされ、既存の戸数を維持することを目的に町が全面的に支援する形で新規就農者を育成する研修牧場が設置されている。それが松前町肉牛改良センター（以下、肉牛改良センター）である。

　肉牛改良センターは、町営牧場の1部門として2019年に町営牧場内に新設されている。センターは、国の地方創生拠点整備交付金を活用し、牛舎1棟・管理棟・牧草保管庫を建設し、翌2020年に供用開始された。この牛舎は、繁殖牛100頭の飼養が可能で、現在は繁殖牛約70頭を飼養しており、研修生の研修場所となっている。管理棟には、町営牧場及び肉牛改良センターの事務室と採卵施設がある。

　肉牛改良センターは、3つの事業を担っている。1つは後述する新規就農者支援である。2つ目は既存農家への支援である。町内ではすでに述べたように肉牛農家の高齢化が進み、作業の負担が大きくなっている。特に分娩の作業負担が大きくなっていることから、肉牛改良センターが繁殖を担い、3

133

第Ⅱ部　担い手不足下の農業生産法人の可能性

か月齢の子牛を農家に販売し農家は7ヶ月間飼養した後に素牛として出荷販売している。肉牛改良センターからの子牛導入価格は、家畜市場の最低価格の平均キロ単価の80％で算出している。これにより、農家の負担（繁殖牛の導入管理負担軽減も含め）を減らしつつ、農家は確実に収入を確保し、高齢であっても営農が継続できるように支援している。3つ目は現在は新型コロナの影響で延期されているが、北斗市内の農業高校と連携し、実習先として高校生の受け入れをすることである。

　肉牛改良センターには、現在牛舎1棟のほかに新規就農者向けの牛舎がある。新規就農者向けの牛舎は、2019年に繁殖牛20〜30頭規模の牛舎3棟を新設した。現在は、研修を終えた1名がこの牛舎を利用し就農している。2023年には、新たに3棟の新規就農者向けの牛舎を建設予定で、新規就農者向けの牛舎は合計で6棟となる。

　肉牛改良センターにおける最大の特徴は、研修生の研修牧場と同じ敷地内に新規就農者用の牛舎があることである。このことにより、新規就農者は研修先の農業機械や施設を利用でき、困ったときにはすぐに相談ができる体制となっている。

第2節　新規就農支援の特徴

　肉牛改良センターは新規就農者支援を担っている。以下で、具体的な支援内容について就農前と就農後に分けてみていく。

　表8-1は、肉牛改良センターにおける就農前（研修中）の新規就農者支援の内容を示したものである。肉牛改良センターでの支援内容は、大きく3つの研修に分けられる。第1が牛舎での飼養管理の研修で、分娩・育成・繁殖までの一連の流れを学ぶ。第2が経営を学ぶための研修である。農業大学校と普及センターでの座学で経営に関する知識を習得する。研修1年目に2回農業大学校での経営に関する座学に参加する。第3が技術を習得するための研修である。これは、採卵、人工授精、削蹄等の飼養技術に関する研修に加

第8章　町行政主導による肉牛繁殖経営の担い手確保・育成

表8-1　研修中における新規就農者支援の内容

牛舎での飼養管理の研修	指導員から飼養管理の一連の流れを学ぶ
経営に関する研修	農業大学校・普及センターで行う。 経営に関する研修を研修1年目に2回実施
採卵等の技術研修	採卵を行い、受精卵を移植や凍結処理を行う 既存農家による牧草管理の見学の実施
住宅の提供	研修生用の住宅を町が提供 月1万5000円で利用可能
研修中の収入確保	研修期間中は、町が月16万程度で雇用

資料：聞き取り調査より作成。

え、既存農家が行う牧草の管理等への研修も行っている。とくに受精卵の生産では、肉牛改良センターとして受精卵移植（ET）を取り入れ、受精卵を交雑種へ移植し、優良な素牛生産を実践しており、それら技術を習得することが可能となっている。農業大学校では、農業機械の研修にも参加している。これらの研修にかかる費用は肉牛改良センターが負担している。その他にも、町が月15,000円で住居を提供し、研修期間中は研修生を肉牛改良センターが月16万円程度（日額8,710円）で町の会計年度職員として雇用（退職時は退職金も有り）し、研修生の生活に対する支援を行っている。

　表8-2は、肉牛改良センターにおける就農後の新規就農者支援の内容を示したものである。センターでは、就農前の支援だけでなく就農後の支援を継続して行っている。その内容は、牛舎の貸出、乾牧草の無償提供、牧野使用料の免除、就農後の収入の確保等がある。牛舎の貸出では、水道光熱費込みで月5万円での貸出を実施している。就農後3年間という制限はあるが、町が3分の1の補助を出しており、実質35,000円で利用できる。計画では、8年間の貸出としているが、今後の状況によっては変更になることもあり得る。牧草と放牧に関しては、就農後3年までは年間20頭を限度に町内で生産された牧草の無償提供と町営牧場の放牧地を無料で利用することができる。また、素牛の確保として、研修中から肉牛改良センターで生産された子牛を素牛として優先的に購入することができる。2023年度は素牛の市場導入補助と受精

135

第Ⅱ部　担い手不足下の農業生産法人の可能性

表 8-2　就農後における新規就農者支援の内容

牛舎の貸出	水道光熱費込み月 5 万円で貸出 3 年間は、1/3 を町が補助（実質 3 万 5000 円） 計画では、就農後 8 年間の貸出予定
乾牧草無償提供	町内で生産された牧草を無料で利用可能 1 年間あたり 20 頭までの制限
牧野使用料の免除	町営牧場の放牧地を無料で利用可能 1 年間あたり 20 頭までの制限あり
素牛の購入	肉牛改良センターから子牛の購入が可能
就農後の収入確保	就農後すぐは収入が得られないため、町が 肉牛改良センターの管理人として雇用する（月 20 万程度）
農業機械の提供	新規就農者が個人で農業機械を用意せずに、肉牛改良センター の農業機械を利用可能
素牛導入補助	市場からの素牛導入に係る費用補助（50 万を限度）
受精卵購入補助	1 農家 10 個を限度とし 1/2 補助

資料：聞き取り調査より作成。

卵補助が加わっている。さらに、肉牛の特性上新規就農者は就農後すぐに収入を得ることが難しいため、肉牛改良センターが就農者を肉牛改良センターの管理人として雇用し、他の研修生への指導を行っている。これにより、新規就農者は就農後も最低限の収入を得ながら営農することができる。現在、2022年に就農したA氏、2023年に就農したC氏・D氏にもこのシステムが取られており、C氏とD氏は月18万円、A氏は獣医師資格を有しセンターの実質的な管理獣医師の役割を担っているため、月21万程度の給料が支給されている。

　新規就農者は、国の新規就農者支援制度も利用しており、就農した 3 名は経営発展支援事業と経営開始資金を利用し、繁殖牛の購入費等に充てている。

　これら町による支援と国の新規就農者支援制度を組み合わせて利用することで、新規就農希望者にとって大きな障壁となる初期投資の負担を抑えることができ、就農を目指しやすい環境が整っている。経済的な支援のみならず、肉牛改良センターの敷地内に新規就農者の牛舎があることから、肉牛改良センターの農業機械を共同利用できている。さらに、研修生や職員がすぐそばにいるため、困ったときには相談しやすい環境が整っている。このように、

136

新規就農者は継続的なハードとソフトの両面から支援を受けることができる。

このように松前町では、牛舎リースによる就農や研修中・就農後の生活費補償など町による全面バックアップの仕組み化が特徴であり、本報告では「松前方式」と呼ぶことにする。

第3節　研修生・就農者の実績

肉牛改良センターでは、これまでに6名の研修生を受け入れている。**表8-3**は肉牛改良センターにおける研修・就農者の概況を示している。2020年から研修を開始したA氏とB氏のうちA氏（獣医師）は2022年に研修を終え、肉牛改良センターの敷地内の新規就農者向けの牛舎で20頭の繁殖牛経営を開始している。2023年4月にはB氏とC氏の2名が就農した。だが、B氏については農業の経験や専門知識を持ち合わせていなかったため研修期間3年を経て就農したのであるが、雇用のスタンスから抜け出せず、わずか3ヶ月で経営中止となってしまった。こうした結果をある意味で不安視していた町担当者は、B氏については当初から就農に係る制度資金を利用させていなかった。B氏がリタイアしたことにより、酪農関係の職業経験があり、すぐに就農することを希望したD氏を同年8月に就農させている。残るE氏・F氏に

表8-3　肉牛改良センターにおける就農・研修生の概況

	年齢	研修開始年	研修年数	出身地	前職・最終学歴	就農予定年	経験・知識の有無	住宅	備考
A	30	2020年	2年	静岡県	獣医学部卒	2022年4月就農	あり		
B	43	2020年	3年	松前町	漁協職員	2023年4月就農	なし		7月経営中止
C	24	2022年	2年	三重県	農業系大卒	2023年4月就農	あり	研修住宅	
D	32	2022年	2年	雄武町	酪農関係	2023年8月就農	あり	研修住宅	A後に就農
E	38	2022年	2年	東京都	酪農関係	2024年就農予定	あり	移住定住施設	八雲大関牧場から
F	25	2023年	2年	松前町	酪農関係	2024年就農予定	あり		DFWから

資料：聞き取り調査より作成。

第Ⅱ部　担い手不足下の農業生産法人の可能性

ついては、2024年中に就農予定である。研修農場内に就農施設が整備されていること、さらには「松前方式」による手厚い就農支援メニューが用意されていることで、急遽リタイア者が出た場合でも、時間を置くことなく次の就農者を確保することが可能となっている。

　研修生の平均年齢は30代前半と若く、町外出身者が多いのが特徴である。研修年数については、農業の経験や大学等で専門知識を学んでいる者は2年研修とし、未経験の者は3年研修としている。研修生の年齢制限は、国の新規就農者支援制度を利用することをふまえ、45歳以下としている。募集方法は、研修希望者が肉牛改良センターのホームページから直接申し込んだケースがほとんどである。

第4節　新規就農者の経営状況

　就農第1号であるA氏の経営状況から、「松前方式」による就農後の生産資材高騰の影響についてみていきたい。

　A氏は、北大獣医学部卒業後の2020年から研修を開始し、2022年4月に就農している。家族構成は、本人（32才）、妻（30才）、長男（3才）である。夫婦共に獣医師資格を有し、現在、妻は松前町役場の職員として勤務している。経営規模は、経産牛30頭（繁殖）、子牛20頭である。就農に際しては、センター内の賃貸型牛舎で営農を開始したことで初期投資が軽減され、また同センターの臨時職員（管理獣医師的存在）としても雇用されていることから、一定の収入が確保されている。牛舎の賃料は水道光熱費込で実質月額35,000円と低額で、さらに一定期間、乾牧草の無償提供、牧野使用料の免除、農業機械の提供、素牛導入の補助など、町の手厚い支援が整えられている。

　経営を始めるにあたって、町からの牛舎の貸出と農業機械の共同利用によって実質的な初期投資の本人負担は牛の導入費と配合飼料代のみとなり、初期費用の負担軽減に貢献している。**表8-4**から支出合計（生産費）についてみると2022年当時、A氏は27頭の繁殖牛を飼育しており、1頭当たりに換

第8章　町行政主導による肉牛繁殖経営の担い手確保・育成

表8-4　A氏の経営状況（コスト）

単位：円

	2022年	2023年	繁殖牛1頭当たり
飼料費	952,793	2,698,364	89,945
素畜費	12,561,040	3,799,274	126,642
診療衛生費	152,136	1,375,522	45,851
施設・機械費	302,026	701,140	23,371
水道光熱費	41,812	191,168	6,372
農具費	314,829	405,031	13,501
減価償却費	282,879	599,214	19,974
委託販売手数料	7,007	197,850	6,595
雑費	199,517	294,561	9,819
販売費・一般管理費	338,815	1,290,934	43,031
計	15,152,854	11,553,058	385,102

資料：聞き取りより作成。

算すると約56万円であった。2023年の生産費については同年の飼養頭数が31頭と増加したため、1頭当たりに換算すると約38万円となった。一方、農林水産省が公表した最新データである2022年の1頭当たりの肉用牛全算入生産費の全国平均が81万2545円と公表されており、北海道平均は約63万円である。全国平均と比較すると3分の2に抑えられ、2023年の生産費においては北海道平均の生産費と比較すると2分の1に収まり、松前方式の効果によって生産費が大幅に下回っていることがわかる。

　次に支出（生産費）の詳細を項目ごとに見ていく。飼料費については町で生産された牧草を無償提供されるため、配合飼料のみの費用となっていることから、2022年の北海道における肉用牛の飼料費平均34万2000円と比較して、飼料費が約4分の1に抑えられている。このように現時点では全国的にみられる飼料価格高騰による影響は表面化していないことがわかる。さらに、A氏は獣医師免許を有しており、自ら日常的な診療や人工授精を行えることから、診療衛生費とともに人工受精や受精卵移植の技術料が削減できている。動力光熱費と施設機械費についても就農後3年はセンターが水道光熱費込み

139

第Ⅱ部　担い手不足下の農業生産法人の可能性

の月5万円で貸出しており、町の補助を加えると実質3万5000円で利用できることから、施設機械費については水道光熱費込みで2022年は30万2026円、2023年は70万1140円に抑えられている。さらに、動力光熱費の大部分が農業機械の燃料費のみとなることで、動力光熱費も抑えられている。収入については2022年の雑収入170万2541円のうち、補助金が155万円、配合飼料補填金が6万6741円、精液等の売却が8万5800円であった。2023年は収入に販売金額が追加され、売上高16万5000円が加わった。雑収入は403万1555円のうち、消費税還付金が166万555円、新規就農者補助金が150万円、その他の収入が87万1000円となっている。また、2023年から素牛導入補助と受精卵購入補助がその他の収入に含まれていることで、素畜費の負担軽減に貢献している。

　初期投資、さらには就農後の補償支援という町が全面バックアップする「松前方式」の効果が、生産資材高騰の影響を小さくしていることは間違いない。現在のような厳しい経営環境の中にあっては、「松前方式」のような行政による全面的なバックアップでの担い手の確保・育成が注目すべき形態といえる。

第5節　今後の課題

　町が全面的にバックアップしているということは、その負担を行政が一身に背負っていることも忘れてはいけない。持続的な畜産振興を考えた場合、現在の枠を超えた新たな仕組みが必要になるだろう。その大きな課題は、やはり新規就農者が農家として農業の担い手になるために、農家を取り巻く環境を整えることであると考える。端的にいえば、総合農協の創設である。農家が農業を営むためには、指導、信用、販売、購買、共済そして厚生部門が必要であるが、既存の松前農協は牛の登録、出荷、そして購買事業しか行っていない。特に信用事業がないことは決定的である。その対策として、専門農協から総合農協化に舵を切る必要性がある。

　道南には北海道を代表する広域農協が存在しており、その連携が求められ

140

第8章　町行政主導による肉牛繁殖経営の担い手確保・育成

るであろう。そして、この連携は道・町の支援と既存の総合農協の決断にかかっている。

　このように、何らかの対策が講じられない限り、肉牛改良センターに対する町及び国の補助金等がなくなった時点で、つまり現在の「松前方式」の展開が厳しくなった場合、新規就農者を含めた肉牛繁殖経営の存立をいかに維持するかは大きな課題である。

終　章

北海道中山間地帯における担い手の存在形態

　北海道の非中核地帯における地域農業振興の焦点が、1980年代の産地形成・複合化を核とする地域農業転換から、土地利用部門の維持・存続に向けられたことは明らかである。そこでの主要な論点は、①誰が土地利用部門を担うのか、②土地利用の「定型」をどう描くのか、③土地利用部門に対してどのようなサポート体制を構築するのか、の3点である。

　この3点からあらためて各事例をふりかえってみよう。知内町では、「米＋施設園芸」の経営形態を確立する過程で専業的な農業自立経営群を創出してきたが、1990年代半ば以降の転作拡大への対応を余儀なくされ、転作受託組織の育成を図ってきた。その担い手は施設園芸を基幹とする複合農家群であるが、個別経営レベルでも農地集積に伴う転作拡大が進んでいることが、こうした取り組みが進められた背景にある。町独自の転作助成措置に誘導されるかたちで大豆・ソバという新たな転作作物を導入し、緑肥を加えた3作物による輪作が一応、土地利用の「定型」として位置づけられている。機械・施設整備も含めた転作への投資も進められており、ユニークな転作助成の設計とあわせて関係機関によるサポートに支えられていることも見落とせない。

　早期に稲作転換が進行した下川町では、施設園芸の振興を通じて同じく専業的農家群を生み出してきた。転作は農協受託事業が支えるかたちをとってきたが、土地利用上の行き詰まりから新たな転作物として初冬まき春小麦が導入された。初冬まき春小麦の生産者を網羅した組織化がされており、それを構成しているのは、施設園芸を基幹とする複合農家群である。知内町の事例と同様に、農地集積に伴う転作面積拡大への対処を求められていることが、生産者自身による積極的な取り組みの背景にある。農協合併後には農協受託事業から収穫作業の生産者組織への機能移転も進められているが、依然とし

143

て農協受託事業を抜きにして地域全体の土地利用部門を支えられる段階には
なく、生産者組織と農協受託事業が連携して土地利用部門を維持している。

　厚沢部町では、ばれいしょ・豆類を基幹とする畑作に露地野菜を加えた経
営確立が進められ、専業的な農業自立経営群を創出してきた。農地集積によ
る個別経営の拡大も進展しており、転作拡大ともあいまって大規模経営を中
心に畑輪作の改善を意図した新作目である小麦作の導入が進められてきた。
その実現に欠かせないのが町公社による播種作業受託であり、これまでの産
地形成・複合化支援のためのサポートに留まらず、土地利用部門の維持・存
続そのものへの支援に焦点が移行していると言えよう。

　3つの論点を整理すると、主体は生産者が主導する受託組織、生産組合と
地域農業支援システムとして位置づけることのできる農協コントラクター、
大規模個別経営の3つに分けられる。知内町は、若手農業者を中心に土地利
用部門での経営を目指し、自主的な組織を媒体として「共同利用・受託組
織」が設立された。下川町は、「下川方式」によって土地利用部門が維持さ
れてきたものの、秋小麦の連作障害によって収益性が低下し、その課題を克
服するために生産者組織が自主的に設立されている。厚沢部町では、輪作体
系の確立、野菜作に係る労働時間の縮小、農地の受け皿としての期待から大
規模農家が誕生している。いずれも自主的な主体の形成があり、そしてそれ
と同時にサポート体制の存在があった。

　土地利用部門の「定型」に関しては、いずれも新作物の導入という点で共
通するが、知内町ではすべてが新規導入であるのに対し、下川町、厚沢部町
では既存の作物に加わるかたちである。またサポート体制を比較すると、土
地利用型作物の中でも新規に導入された作物への支援であることが共通して
いる。異なる点としては、知内町では、機械・施設への投資、転作助成措置
など新しい枠組みを作りつつ、主体を全面的に支援している。これに対し、
下川町、厚沢部町では、農協コントラクター、公社という従来から地域農業
を支えてきた存在が新たに土地利用部門のサポートを行う動きを見せている。

　いずれの事例でも、園芸の振興とその後の農地集積により、土地利用部門

終　章　北海道中山間地帯における担い手の存在形態

の主体となりうる担い手は存在しており、このような違いを生む要因は想定した土地利用の「定型」のあり方と主体となる可能性をもつ地域農業支援システムの存在である。知内町では、主体になるような地域農業支援システムは存在せず、土地利用型作物として全く新しい作物を導入した。そのため関係機関の手厚いサポート体制のもとで生産者組織が土地利用部門の主体となったのである。こうした生産主体と土地利用体系の構築は、複合部門での産地形成の展開と到達点によって担い手のあり方が規定され、また地域全体の土地利用再編が担い手のあり方を規定するなかで形づくられてきた。こうした観点から中山間地帯における土地利用部門の確立の担い手育成、土地利用の「定型」の確立、サポート体制の構築という3つの条件から総合的に考察を加えてきた。

　しかし、その後の構造展開の中で、中山間地帯では高齢化に伴う農家減少と農地流動化が進み、担い手減少が地域農業の重要な課題となり、その対応として協業法人が設立されてきている。

　協業法人は農政の大規模専作化路線の観点からは評価できるが、地域では担い手の減少への対応という観点からの評価が重要である。農業が基幹産業であり、農業経営の専業化・大規模化が全国でも著しく進展している北海道においても、高齢化・後継者問題による担い手不足問題が発生しており、協業法人を新たな担い手として捉える必要があるのである。協業経営の設立は、水田作地帯や中山間地帯に集中しており、その中に道南も位置づけられる。小規模零細な農家構造を維持しつつ、兼業農家を中核層として展開してきた道南農業の構造が大規模経営の形成・専業化などへと変化していく中で、道南農業においても担い手減少が地域農業の重要な課題となり、その対応として協業法人が設立されてきているのである。ただし、道南地域で展開する協業法人は、府県でみられた集落や地域を基礎とした集落営農法人や2000年代に相次いで北海道の水田地帯で設立された地域拠点型法人のような農協主導による法人化とは異なる。あくまでも行政主導の法人化として進み、酪農畜産では個別での大規模化が進んだ北海道の専業地帯とは異なり、複数戸の法

145

人形態による規模拡大が行われたのである。ここに、道南地域の府県的でも北海道的でもない性格をみることができる。

　協業法人の取り組みは地域農業の課題に総合的に対応可能な仕組みともいえ、より高度な取り組みとして位置づけられる。しかし、一方で道南にみるような北海道の中山間地帯では中小規模の家族経営がしたたかに生き残っていることも事実である。せたな町では、農政の大規模専門化路線からは外れるが、北海道の中でも放牧可能期間が比較的長い地域条件を活かし、自立経営として存続している放牧酪農経営が存在する。また、松前町の事例のように中小規模の家族経営を含む多様な経営を後押ししていく仕組みも構築されようとしている。小規模家族経営を守る施策としての新規就農者の受入れである。これらは地域合意のもとで行われていることが重要である。中山間地域の農業振興における法人化と同時並行的に推れることが重要であるといえよう。

参考文献

[1] 安藤光義「北海道の中山間地域問題―条件不利地域とは何か―」『WTO体制下の北海道農業の現状と論点』農政調査委員会、1999年、pp.66-68.

[2] 安藤光義「中山間地域農業の担い手と問題」『日本の農業』201号、農政調査委員会、1997年、pp.1-11.

[3] 安藤光義「北海道上川郡美瑛町における耕作放棄地問題の実態」『北海道における耕作放棄地発現の経済的要因』農政調査委員会、1998年、pp.44-80.

[4] 安藤光義『構造政策の理念と現実』農林統計協会、2003年.

[5] 安藤光義『大規模経営の成立条件』農文協、2013年.

[6] 井上誠司「労働支援組織による集約作物の振興と土地利用問題」『農経論叢』北海道大学農学部、1999年、pp.145-158.

[7] 井上誠司「上層農形成の停滞と地域農業の新たな展開」『農業問題研究』第53号、1999年、pp.26-40.

[8] 井上誠司「地域連携型法人による農地保全の実態と課題」『1999年度日本農業経済学会論文集』日本農業経済学会、1999年、pp.121-126.

[9] 井上誠司「地域農業の危機の深化と関係機関による危機対応」『地域農業支援システムに関する報告書』北海道地域農業研究所、2010年、pp.1-11.

[10] 井上誠司『農業構造の変動と地域農業支援システムの存立条件』（地域農業研究叢書No.41）、北海道地域農業研究所、2011年.

[11] 井上誠司・正木卓・東山寛「産地形成型農協による土地利用型農業の再構築―北海道の事例」『農業・農協問題研究』農業・農協問題研究所、2011年、pp.28-47.

[12] 飯澤理一郎・坂下明彦「道南良質米生産の危機の構造―厚沢部町―」『生産調整下の北海道稲作』北海道農業研究会、1983年、pp.99-120.

[13] 岩崎徹・牛山敬二編著『北海道農業の地帯構成と構造変動』北海道大学出版会、2006年.

[14] 宇佐美繁『農業構造と担い手の変貌（宇佐美繁著作集４）』筑波書房、2005年.

[15] 牛山敬二・七戸長生編『経済構造調整下の北海道農業』北海道大学図書刊行会、1991年.

[16] 太田原高昭「遠隔地農産物の流通と農協の課題」『農業経済論集』40号、九州農業経済学会、1989年、pp.20-503.

[17] 太田原高昭『北海道農業の思想像』北海道大学図書刊行会、1992年.

[18] 太田原高昭『系統再編と農協改革』農山漁村文化協会、1992年.

[19] 太田原高昭・七戸長生他「渡島・檜山地域の農業構造の課題と展望」『北海道農業の切断面』北海道農業構造研究会、1986年、pp.32-56.

[20] 小田切徳美『日本農業の中山間地帯問題』農林統計協会、1993年.

[21] 岡崎泰裕「稲作北限地域の土地利用再編過程に関する予備的考察」『農業経営研究』第26号、北海道大学農業経営学教室、2000年、pp.195-202.

[22] 岡崎泰裕「北海道中山間地域における生産調整以降の土地利用再編に関する一考察」『農業経営研究』第38巻2号、日本農業経営学会、2000年、pp.49-54.

[23] 岡崎泰裕「中山間酪農における飼料基盤形成過程—下川町を事例として—」『市町村における農地の保全・管理システムの構築と公社の支援体制』北海道地域農業研究所、2000年、pp.32-54.

[24] 梶井功・高橋正郎『集団的農用地利用—新しい土地利用秩序をめざして』筑波書房、1983年.

[25] 粕谷信次『社会的企業が拓く市民的公共性の新次元』時潮社、2009年.

[26] 金沢夏樹編『農業経営の複合化』地球社、1984年.

[27] 亀井大「地域農業の活性化と自治体・農協・第三セクターの役割—厚沢部町農業振興公社」『北海道農業』No.21、北海道農業研究会、1996年、pp.17-23.

[28] 柏　雅之『条件不利地域再生の理論と政策』農林統計協会、2002年.

[29] 北島潤「知内町での地域生産支援システム確立への取り組み」『農家の友』61巻11号、北海道農業改良普及協会、2009年、pp.40-41.

[30] 黒河功編著『地域農業再編下における支援システムのあり方』農林統計協会、1997年.

[31] 黒沢不二男「農業生産法人化の意義と課題—法人設立誘導と運営管理支援」『北農』第65巻第2号、北農会、1998年、pp.132-137.

[32] 小田清「中山間地域振興と自治体財政」『北海道農業の中山間問題2』北海道地域農業研究所、1997年、pp.3-11.

[33] 小林恒夫『営農集団の展開と構造—集落営農と農業経営』九州大学出版会、2005年.

[34] 小松知未「北海道南空知地域における機械利用組合の実態と機能拡充—水田農業構造改革対策導入前後の動向に着目して—」『農業経営研究』第32巻、北海道大学農業経営学研究室、2010年、pp.55-73.

[35] 小松知未「北海道における初冬まき小麦の導入実態と農家経営への影響—水田・畑作経営所得安定対策下の名寄市風連町を対象に—」『2009年度日本農業経済学会論文集』、日本農業経済学会、2009年、pp.108-114.

[36] 小松知未「北海道水田地域における地域条件に応じた生産組織化に関する研究—当別町を事例として—」『農業経営研究』第32巻、北海道大学農業経営研究室、2010年、pp.1-17.

[37] 坂下明彦「道南農業問題の構図」『北海道農業の地帯構成に関する報告書』北海道大学農学部、1998年.

[38] 坂下明彦「厚沢部町の農業構造」『野菜産地形成と生産・生活複合化農業の可能性—厚沢部町農業振興計画策定に関する基礎調査報告書—』北海道地域

農業研究所、1992年、pp.21-40.

[39] 坂下明彦『中農層形成の理論と形態―北海道型産業組合の形成基盤―』御茶の水書房、1992年.

[40] 坂下明彦「農協による土地利用型農業の支援システムと高齢化を含む野菜振興」『北海道農業の中山間問題2』北海道地域農業研究所、1998年、pp.12-18.

[41] 坂下明彦編『地域農業の底力―農協の可能性を開く支援システム』北海道協同組合通信社、2009年.

[42] 七戸長生「日高・胆振の農業構造」『北海道農業の切断面』北海道農業構造研究会、1986年、pp.4-18.

[43] 生源寺眞一「北海道の農業・農村と新しい農業政策―条件不利地域政策農業環境政策をめぐって―」『北海道農業経済研究』第8巻2号、北海道農業経済学会、2000年、pp.3-12.

[44] 生源寺眞一『世界の食料事情と北海道農業』財団法人北海道地域総合振興機構、2010年.

[45] 菅原優「畑作営農集団の現段階と組織運営の課題」『北海道農業』No.38、北海道農業研究会、2011年、pp.14-29.

[46] 菅原優『大規模水田地帯における組織法人化による経営展開に関する実証的研究』北海道大学学位請求論文、2006年.

[47] 青果物産地研究会編『北の産地づくり』青果物産地研究会、1988年.

[48] 田代洋一『集落営農と農業生産法人―農の協同を紡ぐ』筑波書房、2006年.

[49] 田代洋一編『日本農業の主体形成』筑波書房、2004年.

[50] 谷本一志・坂下明彦編『北海道の農地問題』筑波書房、1999年.

[51] 田畑保「WTO体制下の北海道農業の現状と論点」『日本の農業』No.208、農政調査委員会、1999年pp.44-47.

[52] 田畑保『北海道の農村社会』日本経済評論社、1986年.

[53] 長尾正克「稲作・野菜複合地域―厚沢部町における第三セクター方式による農作業受託組織―」『農業支援組織調査報告書』北海道開発局官房開発調査課、1995年、pp.64-85.

[54] 長尾正克「中山間地域酪農の展開過程」『北海道農業の中山間問題2』北海道地域農業研究所、1997年、pp.27-45.

[55] 西村直樹「農業生産法人による農地の集積と利用」『北農』第65巻第2号、北農会、1998年、pp.104-107.

[56] 西村直樹「生産調整下における北海道稲作の耕境変動と水田利用の再編方向」『農業経営研究』第39巻第1号、日本農業経営学会、2001年、pp.71-76.

[57] 西村喜彦「農作業受委託組織で水稲野菜経営を助ける」『農家の友』48巻11号、北海道農業改良普及協会、1996年、pp.16-18.

[58] 仁平恒夫「大規模水田地域・南空知における法人の増加と特徴」『北海道農

業研究センター農業経営研究』第90号、北海道農業研究センター総合研究部、2005年、pp.28-47.

[59] 仁平恒夫「道央大規模水田地域における法人化の現状と課題―南幌町の事例―」『北海道農業研究センター農業経営研究』第101号、農業・食品産業技術総合研究機構北海道農業研究センター北海道農業経営研究チーム、2009年、pp.53-75.

[60] 野中章久『農協の地域農業再編機能』農林統計協会、2003年.

[61] 橋口卓也『条件不利地域の農業と政策』農林統計協会、2008年.

[62] 東山寛「生産者集団の胎動と地域農業の進路」(中嶋信・神田健策編『21世紀食料・農業市場の展望』筑波書房)、2001年、pp.199-217.

[63] 東山寛「農地売買問題の現局面と「受け皿法人」の性格―北海道水田地帯の事例として―」『2009年度日本農業経済学会論文集』日本農業経済学会、2009年、pp.24-31.

[64] 東山寛「農業専業地帯における農地問題の所在―地価低落下の北海道水田地帯を事例に―」『1997年度日本農業経済学会論文集』日本農業経済学会、pp.148-153.

[65] 東山寛・松木靖「品目横断対策の基本的性格―北海道農業との関連から―」『日本農業経済学会論文集』日本農業経済学会、2008年、pp.40-44.

[66] 細山隆夫「北海道における農業構造の変化と将来展望―2005年センサス分析による地域農業の動向把握」『北海道農業』No.36、北海道農業研究会、2009年、pp.67-82.

[67] 細山隆夫「農地利用の変化と担い手の実態」小田切徳美編『日本農業―2005年農業センサス分析』農林統計協会、2008年、pp.87-134.

[68] 細山隆夫・仁平恒夫「大規模化と地域差拡大の下での担い手の展開条件―北海道水田地帯―上川と空知―」『農業構造改革の現段階―経営所得安定対策の現実性と可能性(日本農業年報53)』農林統計協会、2007年、pp.70-84.

[69] 細山隆夫『農村構造と大規模水田作経営』農林統計協会、北海道農業研究会、2015年.

[70] 正木卓・井上誠司・東山寛「施設園芸産地における土地利用型農業の再編課題と生産組織化の特質」『2010年度日本農業経済学会論文集』日本農業経済学会、2010年、pp.98-104.

[71] 正木卓「道南地域における集落営農組織化の動向と課題」『農経論叢』第65集、北海道大学、2010年、pp.35-41.

[72] 正木卓「施設園芸産地における土地利用型農業の担い手形成とその特質」『農経論叢』第66集、北海道大学、2011年、pp.1-11.

[73] 正木卓「地域農業を支える公社の支援体制」(坂下明彦編『地域農業の底力』)北海道協同組合通信社、2009年、pp.105-110.

［74］ 正木卓「北海道中山間地帯農業における土地利用部門の再構築に関する研究
―先進野菜産地を事例として―」『北海道大学大学院農学研究院邦文紀要』
第33巻第2号、2014年、pp.1-53.

［75］ 正木卓「道南地域における新たな担い手としての農業生産法人の役割と課題」
（谷本一志・小林国之・仁平恒夫編『北海道農業の到達点と担い手の展望』）
筑波書房、2020年、pp.130-147.

［76］ 正木卓「北海道農業の現局面」（坂下明彦編『内地からみた北海道の農業と
農協』）筑波書房、2023年、pp.57-64.

［77］ 盛田清秀『農地システムの構造と展開』農林水産省農業研究センター、1998
年.

［78］ 矢崎俊治『営農集団と農協』北海道大学図書刊行会、1990年.

［79］ 柳村俊介「中山間地帯農業の構造変動」岩崎徹・牛山敬二編著『北海道農業
の地帯構成と構造変動』北海道大学出版会、2006年、pp.421-462.

［80］ 柳村俊介『農村集落再編の研究』日本経済評論社、1992年.

［81］ 柳村俊介・岡崎泰祐「山間農業地域における農地利用の動向と問題―下川町
―」『北海道における農地の公益的・多面的利用』北海道地域農業研究所、
1999年、pp.39-63.

［82］ 山田定市「「限界地帯」稲作の構造」『産業構造変革下における稲作の構造』
東京大学出版会、1976年.

あとがき

　本書は、2012年3月に北海道大学に提出した学位請求論文「北海道中山間地帯農業における土地利用部門の再構築に関する研究—先進野菜産地を事例として」をもとに、その後に執筆した共著書や報告書を加えて一書にしたものである。前者が第一部、後者が第二部を構成している。大幅に修正・加筆を行っているが、序章と終章を除く初出を示すと以下の通りである。

(1) 「地域農業を支える公社の支援体制」坂下明彦編『地域農業の底力—農協の可能性を拓く支援システム』北海道協同組合通信社、2009年（第4章）

(2) 「施設園芸産地における土地利用型農業の再編課題と生産組織化の特質」『2010年度日本農業経済学会論文集』2010年（井上誠司・東山寛と共著）（第3章）

(3) 「道南地域における集落営農組織化の動向と課題」『農経論叢』65集、2010年（第2章）

(4) 「施設園芸産地における土地利用型農業の担い手形成とその特質」『農経論叢』66集、2011年（第2章）

(5) 「露地野菜産地における土地利用型農業の確立と大規模経営の展開条件—北海道厚沢部町を事例に」『農経論叢』68集、2013年（東山寛・井上誠司と共著）（第4章）

(6) 「北海道中山間地帯農業における土地利用部門の再構築に関する研究—先進野菜産地を事例として—」『北海道大学大学院農学研究院邦文紀要』33巻2号、2014年（第1章から第4章）

(7) 「道南地域における新たな担い手としての農業生産法人の役割と課題」谷本一志他編『北海道農業の到達点と担い手の展望』農林統計出版、2020年（第5章、第6章）

(8)「北海道農業の現局面」坂下明彦編『内地からみた北海道の農業と農協』筑波書房、2023年（第7章）

(9)「町の全面バックアップによる肉用牛繁殖経営の新規就農―松前町の事例から」『環境変化に対応した新規参入支援体制の構築に関わる調査研究（中間報告書）』北海道地域農業研究所、2024年（第8章）

これまで北海道の南部、本書では渡島半島の2つの支庁（振興局）である渡島・檜山を道南と呼ぶが、この道南農業をめぐる議論は、地帯構成上の特殊性から北海道農業研究の中でも取り上げ難い側面があった。開拓が藩政期に始まる先発地域であるにも拘わらず、その後の農業は停滞的とされてきたのである。確かに、稲作を見ても食管法の品質区分で北海道で唯一二類とされた「巴まさり」が存在していたにもかかわらず、単収は長期に停滞的であり、稲作中核地帯の空知や上川に水をあけられていた。道南出身の私は、北海道の農業研究を志したのはいいが、どこか居心地の悪い思いを抱いていた。しかし、太田原高昭先生の「集約北進論」の提起のなかで道南は東北地方に続く野菜産地として位置づけられ、北海道の第四の作物の一つの拠点と目されるようになった。北海道の野菜の代名詞である「いも・たま・にんじん」ではない東北と連続する多様な野菜産地としてである。実際にも「櫛の歯状」（七戸長生）といわれる海岸に対して垂直に流れ込む河川流域の水田において、野菜の産地形成が各地で見られるようになった。渡島地方では七飯町（露地野菜）・大野町（施設野菜）から始まり、知内町にはニラの大産地ができた。檜山地方では厚沢部町のダイコン産地からの展開があり、太平洋岸では日高の平取町のトマトが熊本県につづく大産地を形成している。私は、こうした拡大する野菜産地の調査から研究を開始したが、産地では野菜に労働力が集中するため、稲作はともかく転作田などでの粗放的利用が目についた。北海道ではほとんど見られない耕作放棄地まで現れてきていた。そこで、私は土地利用型作物の新しい生産システムの構築について、対象とする町村を選定して調査研究を進めることにした。

そのころは、院生などの若手研究者も参加していた北海道農業研究会が北

あとがき

海道農業の地帯構成に関する共同研究を行い、2006年には『北海道農業の地帯構成と構造変動』（北大出版会）を出版していた。そのなかで、これまでの水田・畑作・酪農の中核地帯の他に中山間地帯が取り上げられており、上川北部の下川町を対象として北海道の中での位置づけが整理されつつあった。柳村俊介先生、井上誠司さんなどのグループである。私は、後ろからついていく形ではあったが、中山間地帯としての道南の研究に取り組むようになり、居心地の悪さは薄らぐようになった。それでまとめたのが、学位論文である。本書の第一部がその内容である。

　その後は北海道大学のプロジェクトに参加したり、2016年末からは弘前大学に職場を移したりしたが、その間も北海道農業研究会の共同研究に参加することができ、2021年の春には現在の酪農学園大学に赴任し、再び東山寛先生らと道南での本格的な調査を実施することができた。この頃には道南農業は急速に農家の減少が進んでおり、地域農業を支える担い手の育成・確保が急務となっていた。そこで、地域連携型の協業法人の意義や新規就農対策についてまとめたのが本書第二部である。対象も水田作から道南のもう一つの基幹である酪農畜産に拡大している。

　本書の分析には不十分な点が多々あることは否めず、今後の研究課題も多く残されているが、北海道の農業問題のひとつとして中山間地域における担い手問題を道南農業論から示したことは貴重な論点の提示であると感じている。

　最後に本書の編集に際し多くのご助言をいただいた坂下明彦北海道大学名誉教授、公私ともにお世話になっている井上誠司さん、調査にご協力いただきました皆様、そして出版助成の機会を与えていただいた北海道地域農業研究所、刊行にあたりお世話になりました筑波書房の鶴見治彦社長に衷心より感謝を申し上げます。

著者紹介

正木 卓（まさき すぐる）

酪農学園大学農食環境学群循環農学類・准教授

北海道せたな町生まれ。北海道大学大学院農学院博士後期課程修
了、博士（農学）。

北海道地域農業研究所研究員、北海道大学特任助教、弘前大学助
教を経て2021年から現職。主著に『総合農協のレーゾンデートル』
筑波書房、2016（共著）、『北海道農業の到達点と担い手の展望』
筑波書房、2020（共著）、『内地からみた北海道の農業と農協』筑
波書房、2023（共著）などがある。

北海道地域農業研究所学術叢書 ㉑

北海道中山間地域の担い手問題
道南農業が示すもの

2025年3月31日　第1版第1刷発行

著　者　正木　卓
発行者　鶴見　治彦
発行所　筑波書房
東京都新宿区神楽坂2−16−5
〒162−0825
電話03（3267）8599
郵便振替00150−3−39715
http://www.tsukuba-shobo.co.jp

定価はカバーに示してあります

印刷／製本　平河工業社
© 2025 Printed in Japan
ISBN978-4-8119-0694-2 C3061